Lakshmi Reddy
Lakshmamma Tirunagaram

Impacto do projeto de irrigação - Jalayagnam em Andhra Pradesh

Lakshmi Reddy
Lakshmamma Tirunagaram

Impacto do projeto de irrigação - Jalayagnam em Andhra Pradesh

Jalayagnam para o desenvolvimento agrícola

ScienciaScripts

Imprint
Any brand names and product names mentioned in this book are subject to trademark, brand or patent protection and are trademarks or registered trademarks of their respective holders. The use of brand names, product names, common names, trade names, product descriptions etc. even without a particular marking in this work is in no way to be construed to mean that such names may be regarded as unrestricted in respect of trademark and brand protection legislation and could thus be used by anyone.

Cover image: www.ingimage.com

This book is a translation from the original published under ISBN 978-620-2-06804-8.

Publisher:
Sciencia Scripts
is a trademark of
Dodo Books Indian Ocean Ltd. and OmniScriptum S.R.L publishing group

120 High Road, East Finchley, London, N2 9ED, United Kingdom
Str. Armeneasca 28/1, office 1, Chisinau MD-2012, Republic of Moldova, Europe
Printed at: see last page
ISBN: 978-620-7-94666-2

ÍNDICE

CAPÍTULO - I

INTRODUÇÃO

A Índia alberga cerca de 12.102 lakh de população numa área de 32,87 lakh Sq. kms. (Direção de Economia e Estatística, GoAP, 2011). É com orgulho que se pode dizer que, apesar das severas restrições nos recursos do país, particularmente em relação à população da Índia, o país fez um trabalho louvável no fornecimento de alimentos e nutrição, segurança para as pessoas, apesar do facto de que ainda hoje 60% da agricultura indiana está sob condições de sequeiro. Quando a Índia se tornou independente em 1947, praticamente 90% da população dependia da agricultura e uma grande maioria era analfabeta e podia ser classificada como pobre.

Do total de 118,7 milhões de hectares de superfície líquida semeada no ano de 1950, apenas 20 milhões de hectares eram cultivados em regime de regadio. Mais de 80% das terras agrícolas eram constituídas por explorações pequenas e marginais, com menos de 2 acres per capita. Como a maior parte da agricultura era praticada em zonas de sequeiro, os rendimentos agrícolas eram muito baixos e, por conseguinte, não havia excedentes para investimento.

O governo desempenhou um papel muito importante, efectuando investimentos substanciais, inclusive para o desenvolvimento de sementes e para a criação de uma vasta rede de armazéns rurais e de mercados agrícolas. O resultado foi que o país se tornou um país excedentário em produtos alimentares, produzindo 212 milhões de toneladas de cereais, 90 milhões de toneladas de leite e vários outros produtos hortícolas e agrícolas. Devido a este facto, a Índia ocupa atualmente o terceiro lugar a nível mundial no sector das pescas e o segundo na aquicultura. Os níveis de pobreza rural desceram para 20 por cento, contra cerca de 50 por cento há vinte e cinco anos. **O país tem de aumentar o investimento na irrigação e na agricultura. Temos de encontrar recursos para investimentos.**

1.1 A irrigação é a aplicação artificial de água na terra ou no solo. É utilizada para ajudar no crescimento de culturas agrícolas, na manutenção de paisagens e na revegetação de solos perturbados em zonas secas e durante períodos de precipitação inadequada.

Além disso, a irrigação também tem outras utilizações na produção agrícola, como a proteção das plantas contra as geadas, a supressão do crescimento de ervas daninhas nos campos de cereais e a ajuda na prevenção da consolidação do solo. Além disso, os sistemas de irrigação também são utilizados para a supressão de poeiras, eliminação de esgotos e na exploração mineira.

1.2 Importância da irrigação na Índia

A irrigação e o desenvolvimento da irrigação são essenciais na Índia, uma vez que a agricultura é a principal ocupação dos indianos. A importância da irrigação é justificada da seguinte forma:

A pluviosidade do nosso país depende das monções. A precipitação controla a nossa agricultura. Mas diz-se que a agricultura do nosso país é "o jogo da monção", uma vez que as chuvas da monção são incertas, irregulares e desiguais ou desiguais.

Por isso, a irrigação é essencial para a agricultura. As razões principais da irrigação no nosso país são as seguintes

(1) Cerca de 80 por cento da precipitação anual total da Índia ocorre em quatro meses, ou seja, de meados de junho a meados de outubro. Assim, é essencial fornecer irrigação para a produção de culturas, etc., durante os restantes oito meses.

(2) As monções são incertas. Por isso, a irrigação é necessária para proteger as culturas da seca resultante da incerteza da falta de chuva.

(3) Não chove de forma igual em todas as partes do país. Por isso, a irrigação é necessária para a agricultura em zonas de menor pluviosidade.

(4) Os solos de algumas zonas são arenosos e argilosos e, por conseguinte, porosos, pelo que a maior parte da água da chuva desce muito rapidamente. Assim, os solos arenosos e argilosos não conseguem reter a água como o solo aluvial e o solo negro. É por isso que a irrigação é essencial para a agricultura nas zonas com solos arenosos e argilosos.

(5) A água da chuva desce muito rapidamente ao longo das encostas das colinas. Por isso, a irrigação é necessária para cultivar nessas áreas.

(6) A Índia é um país agrícola e populoso. Cerca de 70 por cento da população depende da agricultura. A fim de produzir culturas alimentares e produtos agrícolas em grandes quantidades para alimentar os milhões de pessoas em crescimento, é essencial uma agricultura intensiva e a rotação de culturas. A irrigação extensiva é, por conseguinte, necessária para aumentar a produção.

Quando o nosso país se tornou livre, só havia irrigação em 17% do total das terras agrícolas. Foi dada mais atenção à irrigação, a fim de tornar o país autossuficiente na produção de culturas alimentares, pelo que cerca de 37% do total das terras agrícolas foram atualmente irrigadas.

Os projectos de irrigação na Índia estão classificados em três categorias: grandes, médios e pequenos projectos de irrigação. Os projectos que têm uma área cultivável (CCA) superior a 10 000 hector são designados por grandes projectos, os projectos de irrigação que têm uma CCA inferior a 10 000 hector mas superior a 2 000 hector são designados por projectos médios e os projectos de irrigação que têm uma CCA igual ou inferior a 2 000 hector são designados por projectos menores. Uma avaliação geral da área que pode ser finalmente irrigada, tanto por águas superficiais como subterrâneas, efectuada pelos vários Estados nos anos sessenta, indicou que o potencial de irrigação final do país seria da ordem dos 113m.ha (milhões de hectares). No entanto, o potencial final é de 139 milhões de hectares, sendo o aumento devido principalmente à revisão em alta do potencial avaliado dos projectos menores de águas subterrâneas e dos projectos menores de águas superficiais para 64 milhões de hectares e 17 milhões de hectares, respetivamente. Os projectos de irrigação menores têm como fonte tanto águas superficiais como subterrâneas, enquanto os projectos maiores e médios exploram sobretudo recursos hídricos superficiais.

1.3 TIPO DE TÉCNICA DE IRRIGAÇÃO

Os vários tipos de técnicas de rega diferem na forma como a água obtida da fonte é distribuída no campo. Em geral, o objetivo é abastecer uniformemente todo o campo com água, de modo a que cada planta tenha a quantidade de água de que necessita, nem a mais nem a menos. As várias técnicas de irrigação são as seguintes:

Irrigação de superfície: Nos sistemas de irrigação de superfície, a água move-se sobre e através da terra por simples fluxo de gravidade, a fim de a molhar e de se infiltrar no solo. A rega de superfície pode ser subdividida em rega por sulcos, por faixas de fronteira ou por bacias. É frequentemente designada por irrigação por inundação quando a irrigação resulta em inundação ou quase inundação da terra cultivada.

Irrigação Localizada: A rega localizada é um sistema em que a água é distribuída sob baixa pressão através de uma rede de tubagens, num padrão pré-determinado, e aplicada como uma pequena descarga a cada planta ou adjacente a ela. A rega gota-a-gota, a rega por aspersão ou microaspersão e a rega por borbulhagem pertencem a esta categoria de métodos de rega.

Irrigação por gotejamento: A rega gota-a-gota, também conhecida como **rega gota a gota,** funciona como o seu nome sugere. A água é distribuída na zona da raiz das plantas ou perto dela, gota a gota. Este método pode ser o método de rega mais eficiente em termos de água, se for gerido corretamente, uma vez que a evaporação e o escoamento são minimizados. Na agricultura moderna, a rega gota a gota é muitas vezes combinada com cobertura de plástico, reduzindo ainda mais a evaporação, e é também o meio de distribuição de fertilizantes.

Irrigação por aspersão: Na rega por aspersão ou aérea, a água é canalizada para um ou mais locais centrais no campo e distribuída por aspersores ou canhões aéreos de alta pressão. Um sistema que utiliza aspersores, sprays ou canhões montados sobre a cabeça em tubos de elevação permanentemente instalados é muitas vezes *referido como* um sistema de rega de conjunto sólido. Os aspersores de pressão mais elevada que rodam são designados por rotores e são acionados por um mecanismo de esferas, de engrenagens ou de impacto. As pistolas são utilizadas não só para rega, mas também para aplicações industriais como a supressão de poeiras e o abate de árvores. Os aspersores também podem ser montados em plataformas móveis ligadas à fonte de água por uma mangueira. Os sistemas com rodas que se movem automaticamente, conhecidos como aspersores itinerantes, podem irrigar áreas como pequenas quintas, campos desportivos, parques, pastagens e cemitérios sem vigilância.

Sub-irrigação: A sub-irrigação, por vezes também designada por irrigação por infiltração, tem sido utilizada há muitos anos em culturas de campo em zonas com lençóis freáticos elevados. É um método de elevar artificialmente o nível do lençol freático para permitir que o solo seja humedecido por baixo da zona das raízes das plantas. Frequentemente, estes sistemas estão localizados em prados permanentes em planícies ou vales fluviais e combinados com infra-estruturas de drenagem. Um sistema de estações de bombagem, canais, açudes e comportas permite aumentar ou diminuir o nível da água numa rede de valas, controlando assim o nível freático. A sub-irrigação é também utilizada na produção comercial em estufa, geralmente para plantas em vasos. A água é fornecida a partir de baixo, absorvida para cima e o excesso é recolhido para reciclagem.

A irrigação é a aplicação artificial de água no solo, geralmente para ajudar no crescimento das culturas. Na produção vegetal, é principalmente utilizada para substituir a precipitação em falta em períodos de seca, mas também para proteger as plantas contra as geadas. **A irrigação tem dois objectivos principais** 1) Fornecer a humidade essencial para o crescimento das plantas, o que inclui o transporte de nutrientes essenciais 2) Lixiviar ou diluir os sais no solo. Para além disso, a irrigação proporciona uma série de benefícios secundários, tais como o arrefecimento do solo e da atmosfera para criar um ambiente mais favorável ao crescimento das culturas. A irrigação complementa o fornecimento de água proveniente da precipitação e de outros tipos de água atmosférica, águas de inundação e águas subterrâneas.

A irrigação tem vindo a adquirir uma importância crescente na agricultura em todo o mundo. De apenas 8 milhões de hectares (Mha) em 1800, a área irrigada em todo o mundo quintuplicou para 40 Mha (13,4 Mha na Índia) em 1900, para 100 M Ha em 1950 e para pouco mais de 255 M Ha em 1995. Com quase um quinto dessa área, a Índia tem atualmente a maior área irrigada do mundo.

A civilização do Vale do Indo no Paquistão e no Norte da Índia (a partir de 2600 a.C.) também tinha um sistema de irrigação por canais. Praticava-se uma agricultura em grande escala e utilizava-se uma extensa rede de canais para efeitos de irrigação. Foram desenvolvidos sistemas sofisticados de irrigação e armazenamento, incluindo os reservatórios construídos em Girnar em 3000 a.C.

As obras de irrigação do antigo Sri Lanka, as mais antigas datam de cerca de 300

A.C., no reinado do rei Pandukabhaya e em contínuo desenvolvimento durante os mil anos seguintes, constituíam um dos mais complexos sistemas de irrigação do mundo antigo. Para além dos canais subterrâneos, os cingaleses foram os primeiros a construir reservatórios totalmente artificiais para armazenar água. O sistema foi amplamente restaurado e alargado durante o reinado do rei Parakrama Bahu (1153 - 1186 d.C.).

1.4 Desenvolvimento da irrigação em Andhra Pradesh

O Andhra Pradesh possui um património de agricultura de regadio que remonta a vários séculos. No passado, durante os períodos dos reinos de Kakatiya e Vijayanagar, foram construídos vários tanques e sistemas de desvio e escavados poços que ainda estão a funcionar e são produtivos. Durante o período pré-independência, os governantes de então construíram o delta do Godavari, o delta do Krishna, o delta do Pennar, o canal Kurnool-Cuddapah, os sistemas de irrigação de Khanapur, Mahaboobnagar, Pocharam e Ntzamsagar. Após a independência, foi dada grande prioridade ao desenvolvimento da irrigação.

Os principais projectos de irrigação são as novas barragens para substituir os antigos anicutes nos rios Godavari, Krishna, Tungabhadra e Penna, e as novas barragens/reservatórios e sistemas de canais de Nagarjunasagar, Tungabhadra High and Low Level Canals, Sriramsagar, Somasila, Vamsadhara e Yeleru. No rio Godavari, o anicut original, construído entre 1844 e 1851 em quatro secções, foi substituído por barragens nos mesmos locais, Dowlaiswaram, Ralli, Maddur e Vijjeswaram, proporcionando um potencial de 5,02 lakh ha nos distritos de East e West Godavari e Krishna

Despesas efectuadas no sector da irrigação de acordo com o plano

Despesas do plano efectuadas com a irrigação e o controlo das inundações

Os sectores são apresentados no quadro seguinte:

QUADRO-1.1 : Despesas do plano efectuadas nos sectores da irrigação e do controlo das inundações

(Rs. em milhares de euros)

SI. Não	Período do plano	Irrigação grande e média	MI/MI & CAD	Irrigação total	Controlo das inundações	Total das despesas do plano Todos os sectores	Percentagem de despesas com a irrigação
1.	Primeira (1951-56)	376.2	65.6	441.8	13.2	1960	22.54
2.	Segundo (1956-61)	380.0	161.6	541.6	48.1	4672	11.59
3.	Terceiro (1961-66)	576.0	443.1	1019.1	82.1	8577	11.89
4.	Anual (1966-69)	429.8	560.9	990.7	42	6625	15.04
5.	Quarto (1969-74)	1242.3	1173.4	2415.7	162	15779	15.31
6.	Quinto(1974-78)	2516.2	1409.6	3925.8	298.6	28653	14.22
7.	Anual (1978-80)	2078.6	1344.9	3423.5	330	22950	14.27
8.	Sexto (1980-85)	7368.8	4159.9	11528.7	787	109292	10.55
9.	Sétimo(1985-90)	11107.3	7626.8	18734.1	941.6	218730	8.56
10.	Anual (1990-92)	5459.2	3649.5	9108.7	460.6	123120	7.4
11.	Oitavo (1992-97)	21071,9	13885.3	34957.2	1691.7	483060	7.59
12.	IX PIan (1997-02)	49289.0	13760	83049.0	3038	941041	6.7
13.	X Plano (2002-07)	83647.0	16458.9	100105.9	4344.18	1618460	6.19
14	XI Plano (20072012) Despesas (Projeção)	165350	46350	211700	20100	3644718	5.81

Fonte: Relatório do Grupo de Trabalho sobre Irrigação Principal e Média e Desenvolvimento de Áreas de Comando para o XII Plano Quinquenal (2012-2017), Ministério dos Recursos Hídricos, Governo da Índia, Nova Deli, novembro de 2011, p. 119.

QUADRO-1.2: Desempenho físico e financeiro do sector MMI durante o XI Plano

Ano	Físico (em mha)		Financeiro (em milhões de rupias)	
	Potencial criado	Potencial Utilizado	Revisto Despesas	Despesas
2007-08	0.818	0.439		29390.64
2008-09	1.276	0.367		32341.80
2009-10	0.686	0.213		34882.26

2010-11*	1.294	0.194		68735.3*
2011-12#	0.530	0.147		
Total	**4.604**	**1.360**	**165350**	

Fonte: Relatório do Grupo de Trabalho sobre Grandes e Médias Regas e Áreas de Comando

Development For the XII Five Year Plan (2012-2017), Ministério dos Recursos Hídricos, Governo da Índia, Nova Deli, novembro de 2011, 25.

* objectivos previstos

A barragem de Prakasam, em Vijayawada, foi o primeiro projeto iniciado após a criação do Estado de Andhra, em 1953; substituiu o centenário anicut e serve 4,96 lakh ha nos distritos de Krishna, Guntur, Prakasam e West Godavari. O canal de Kurnoo! Cuddapah Canal (KC Canal), que transporta a água de Tungabhadra do anicut em Sunkesula para os campos nos distritos de Kurnool e Cuddapah desde 1866, foi melhorado e reforçado para fornecer água a 1,21 lakh ha. Os anicutes de Nellore e Sangam, também do século passado, irrigam 0,79 lakh ha no distrito de Nellore.

O projeto Tungabhadra (canais de alto e baixo nível), iniciado antes da independência, transporta água para 1,05 lakh nos distritos de Anantapur, Cuddapah e Kurnool, propensos à seca. Vamsadhara e Yeleru servem 1,18 lakh ha nos distritos de Srikakulam e East Godavari. O projeto Kadam, construído entre 1949 e 1965, irriga 0,26 lakh ha em Adilabad. O projeto de desvio de Rajolibanda, que consiste num canal que atravessa o rio Tungabhadra, a montante do canal/barragem de Sunkesula, foi construído entre 1953 e 1958 para transportar água para 0,35 lakh ha no distrito de Mahaboobnagar, propenso a secas. O projeto de Nizamsagar, construído entre 1924 e 1931 e modernizado cinquenta anos mais tarde, beneficia 0,97 lakh ha no distrito de Nizamabad.

A fase I de Sriramsagar, cujos trabalhos começaram em 1963 para criar um potencial de 3,92 lakh ha, foi parcialmente concluída para fornecer água a 2,87 lakh ha e irrigar 1,28 lakh ha nos distritos menos desenvolvidos de Adilabad, Nizamabad, Karimnagar, Warangal e Khammam. A maior das obras quase concluídas é a de Nagarjunasagar, com um potencial de 8,95 lakh ha, a maior parte dos quais já foi criada, e fornece atualmente água a 8,10 lakh ha. O reservatório de alto nível de Tungabhadra, Cana! Stage-II e o canal Pulivendula Branch, iniciados em 1967 e 1973, respetivamente, para acrescentar um potencial de 1,14 lakh ha, geraram uma capacidade de 0,64 lakh ha e têm irrigado 55 000 ha nos últimos anos. A barragem de Somasila, que atravessa o Penna a montante dos anicuts de Nellore e Sangam, foi iniciada em 1975 para estabilizar o caudal em 1,04 lakh ha e criar um novo potencial de 38 000 ha. Estabilizou o abastecimento em cerca de um lakh ha e cobriu uma área adicional de 6.000 ha, no delta do Nellore.

O projeto Telugu Ganga foi iniciado em 1983 com o compromisso de fornecer 15 TMC de água potável à cidade de Chennai e de irrigar 5,75 lakh acres nas zonas afectadas pela seca dos distritos de Kurnool, Cuddapah, Chittoor e Nellore. A construção do canal do ramo direito de Srisailam, no distrito de Kurnool, do canal da margem esquerda de Srisailam, rebaptizado como canal A Madhava Reddy, no distrito de Nalgonda, da fase II do canal de alto nível de Tungabhadra, no distrito de Anantapur, da fase II de Somasila, no distrito de Nellore, e do projeto Priyadarshini Jurala, no distrito de Mahaboobnagar, está também a avançar a bom ritmo.

Os projectos de irrigação médios existentes irrigam 2,75 lakh ha, os que estão em construção destinam-se a irrigar 2,06 lakh ha e os que estão em fase de projeto 2,30 lakh. Existem no Estado mais de 12 mil pequenos tanques de irrigação com um ayacut inferior a 2000 ha, alguns deles construídos há mil anos. Existem 22 lakh poços escavados e poços perfurados, dos quais cerca de 1 lakh têm motores a óleo e 20,78 lakhs têm motores eléctricos. A PI criada ao abrigo dos regimes do plano e dos regimes anteriores ao plano (excluindo a área abrangida pelos regimes em curso) é a seguinte

O investimento no sector da irrigação conduziu não só a um aumento substancial do crescimento agrícola, dos rendimentos e do desenvolvimento, mas também a um aumento do produto nacional bruto. Este objetivo foi alcançado através de grandes despesas públicas.

Quadro-1.3 : Tipo e número de regimes de irrigação

S. Não.	**Descrição**	**N.º de regimes**	**PI criados (em hectares)**
4	Grandes projectos de irrigação	11	12,53,080
2	Regimes de pré-planeamento	7	3,07,000
1	Esquemas de planos	18	15,60,080
2	Total	45	78,250
	Médio Projectos de irrigação	59	1,86,336
1	Regimes de pré-planeamento	104	2,64,586
2	Esquemas de planos	12351	13,71,000
	Total		5,27,894
	C. Projectos menores de irrigação	12351	18,98,894
	Regimes de pré-plano)		
	Esquemas de planos)		
	Total		
	Total geral	**12473**	**37,23,560**

Fonte: Relatório do Grupo de Trabalho sobre Irrigação Principal e Média e Desenvolvimento de Áreas de Comando para o XII Plano Quinquenal (2012-2017), Ministério dos Recursos Hídricos, Governo da Índia, Nova Deli, novembro de 2011, 25.

Desde a formação da A.P. em 1953, os gastos com grandes, médios e pequenos projectos de irrigação totalizaram 7 153 milhões de rupias até ao final do VIII plano. A despesa proposta para o período do IX plano em projectos de irrigação é de 6030,30 milhões de rupias, o que foi aprovado pelo grupo de trabalho. O montante despendido em grandes, médios e pequenos projectos de irrigação, de acordo com o plano, é apresentado a seguir.

Quadro -1.4: Despesas do plano com a secção de irrigação e controlo de inundações.

S. Não.	**Período**	**Montante gasto (Rs.em crores)**		
		Irrigação grande e média	**Irrigação menor**	**Total**
1.	Plano I (1951-56)	37.47	3.52	40.99
2.	II- Plano (1956-61)	57.43	4.38	61.81
3.	Plano III (1961-66)	91.52	18.60	110.12
4.	3 Planos anuais (1966-69)	60.87	10.81	71.68
5.	Plano IV (1969-74)	118.71	18.15	136.86
6.	V- Plano (1974-78)	269.11	38.82	307.93
7.	Dois planos anuais (1978-80)	257.69	23.79	281.48
8.	VI-Plano (1980-85)	729.59	50.73	780.32
9.	VII- Plano (1985-90)	1306.40	131.40	1437.80
10.	Plano Anual (1990-91)	282.75	63.23	345.98
11.	Plano Anual (1991-92)	333.92	57.93	391.85
12.	VIII- Plano (1992-97)	2754.35	431.56	3185.91
	Total	6299.81	852.92	7152.73
13.	1997-98	662.77	121.57	784.34
14.	1998-99	642.26	194.45	836.71
15.	1999-2000	962.99	170.61	1133.60

Fonte: Relatório do Grupo de Trabalho sobre Grandes e Médias Empresas

Irrigation andCommand Area Development For the XII Five Year Plan (2012-2017), Ministério dos Recursos Hídricos, Governo da Índia, Nova Deli, novembro de 2011, 25.

1.5 Prioridade ao desenvolvimento da irrigação

Cerca de 40% da área cultivada bruta do Estado é irrigada e a contribuição da irrigação para a produção agrícola do Estado é de cerca de 60%. Foi nas zonas irrigadas que se registou a maior parte do crescimento agrícola. A reabilitação e o desenvolvimento sustentado das infra-estruturas de irrigação e a sua expansão nas regiões atrasadas e propensas à seca do Estado são, por conseguinte, de importância primordial para Andhra Pradesh.

A irrigação permitiu igualmente reduzir a pobreza nas zonas de montanha e nas zonas desfavorecidas, proporcionando um rendimento sustentável aos agricultores, um aumento do emprego assalariado e a disponibilidade de água para consumo humano e animal e para actividades industriais. Por conseguinte, o Governo atribuiu a máxima prioridade à conclusão dos projectos de irrigação em curso e à obtenção de autorizações para os projectos pendentes. Para o efeito, o Governo desenvolveu, no ano de 1996, uma estratégia tripla, nomeadamente: (i) alcançar o máximo de irrigação através da conclusão dos projectos de irrigação em curso; (ii) reabilitar e modernizar os sistemas de irrigação existentes para colmatar as lacunas existentes na área final; e (iii) entregar a gestão e a manutenção de todos os sistemas de irrigação no Estado às organizações de agricultores para garantir um abastecimento de água fiável e atempado. Realizações significativas no desenvolvimento das infra-estruturas de irrigação durante os quatro anos (1977-2000).

1.6 O Desenvolvimento Comunitário é um termo amplo aplicado às práticas e disciplinas académicas dos Líderes Cívicos, Activistas, Cidadãos Envolvidos e Profissionais para melhorar vários aspectos das comunidades locais.

O desenvolvimento comunitário procura capacitar indivíduos e grupos de pessoas, proporcionando oportunidades à comunidade para ultrapassar a pobreza e as desvantagens, permitindo-lhes agir em conjunto.

Podem ser reconhecidas várias abordagens diferentes ao desenvolvimento comunitário, incluindo **o desenvolvimento económico comunitário**,

Capacidade comunitária, construção, formação de capital social,

Desenvolvimento político participativo, ação direta não violenta, desenvolvimento ecologicamente sustentável, desenvolvimento comunitário baseado em activos e desenvolvimento comunitário baseado na fé, etc.

1.7 Prática do trabalho social numa comunidade

Uma comunidade rural, ou seja, uma aldeia, é uma unidade importante, que consiste em algumas centenas de áreas de terra que sustentam famílias rurais. O desenvolvimento rural é uma estratégia destinada a melhorar a vida socioeconómica das populações rurais, com especial destaque para os pobres das zonas rurais. Abrange a produção, o emprego, a saúde, a educação, os transportes, o comércio, o fornecimento de energia, o controlo da água e as tensões políticas e sociais. (Dorai Vasanth, 1990).

De acordo com Sri V.T. Krishnamachary, citado por Mamoria CB (1999), ao analisar os objectivos do Programa de Desenvolvimento Comunitário e do Programa Nacional de Serviços de Extensão, tocou em pontos como levar a população rural do subdesenvolvimento crónico ao pleno emprego, levar a população rural da subprodução agrícola crónica à plena produção de conhecimentos científicos, a maior extensão possível dos princípios de cooperação, tornando as famílias rurais dignas de crédito, o aumento dos esforços comunitários em benefício da comunidade como um todo, **tais como estradas de aldeia, tanques, poços, escolas, centros comunitários, parques infantis, etc.**

1.8 Impacto da irrigação na agricultura indiana

A irrigação é fundamental para o crescimento agrícola, social e económico da nação. A irrigação tem proporcionado estabilidade à produção alimentar. As civilizações cresceram e decresceram com o crescimento e o declínio dos seus sistemas de irrigação, enquanto outras mantiveram uma irrigação sustentável durante milhares de anos. Muitos dos problemas da agricultura de regadio podem ser atenuados ou evitados através da melhoria da tecnologia e da gestão e de uma abordagem adequada dos aspectos culturais, sociais e ambientais.

1.9 BENEFÍCIOS DA IRRIGAÇÃO

1. Contribuição para a produção alimentar e a segurança alimentar

Várias estimativas apontam para uma contribuição da agricultura de regadio para a produção agrícola global de cerca de dois terços e, segundo algumas estimativas, uma contribuição ainda mais elevada. Atualmente, argumenta-se cada vez mais que, a nível macroeconómico, a Índia não tem restrições em matéria de cereais alimentares. De facto, o relatório do grupo de trabalho sobre as necessidades de cereais alimentares até 2000 d.C. exprimiu o otimismo de que a Índia dispõe de um excedente exportável de cereais alimentares da ordem das 20 TM (cerca de 10% da produção de cereais alimentares) e que este excedente poderá ir mais longe.

2. Contribuição para a redução da pobreza

Existe uma relação inversa entre a pobreza e a área irrigada. Afirma-se que, embora a incidência da pobreza seja de 69% nos distritos com menos de 10% da área cultivada sob irrigação, é de cerca de 26% nos distritos em que a irrigação cobre mais de 50% da área cultivada e apenas 10% no Punjab e no Haryana com mais de 70% da área cultivada sob irrigação.

3. Contribuição para a criação de emprego

O desenvolvimento da irrigação desencadeia necessariamente a criação de emprego nos sectores agrícola e afins. O desenvolvimento regional global da irrigação contribui ainda mais para o emprego ao criar condições de mercado favoráveis.

4. Contribuição no capital próprio

É altamente desejável uma distribuição equitativa da água, especialmente no comando dos canais. Isto deu origem a uma miríade de modificações na conceção e funcionamento do sistema de distribuição de água dos canais. Foram introduzidos vários conceitos de equidade: equidade volumétrica, equidade de área, equidade social, etc. No entanto, também é necessário abordar a questão da água retirada das águas subterrâneas e as suas implicações em termos de equidade.

5. Contribuição para o crescimento e as exportações

As exportações de produtos agrícolas contribuíram com cerca de um quinto das exportações totais. No período pós-liberalização, a quota das exportações agrícolas tem vindo a aumentar continuamente. Foram introduzidas várias alterações políticas para incentivar as exportações agrícolas.

6. Contribuição para o aumento da intensidade das culturas

Ao possibilitar a produção de mais do que uma cultura num ano, a irrigação contribuiu para o aumento da intensidade das culturas.

7. Contribuição para a proteção contra a seca

A irrigação provou ser o mecanismo mais eficaz de combate à seca e o maior fator de estabilidade da produção agrícola.

Problemas criados pela irrigação

A irrigação resulta sempre na degradação da qualidade da água. A irrigação, pela sua natureza, utiliza água pura de forma consumptiva, deixando menos água para transportar sais e outros contaminantes. A irrigação pode ser vista como uma intensificação ou aceleração de um processo natural.

1.10 Desenvolvimento e distribuição da irrigação em Andhra Pradesh

A água está a tornar-se cada vez mais escassa em muitas partes do mundo, limitando assim o desenvolvimento agrícola. [st]A capacidade de grandes países como a Índia para desenvolver e gerir eficazmente os recursos hídricos será provavelmente um fator determinante para a segurança alimentar mundial no século XXI. Na Índia, já foram exploradas quase todas as possibilidades de irrigação viável. No entanto, a procura de água em diferentes sectores tem vindo a crescer continuamente e a procura

A gestão da procura no sector agrícola em regiões com escassez de água e em situação de stress hídrico será fundamental para reduzir a procura agregada de água de modo a corresponder aos fornecimentos futuros disponíveis. Uma vez que a agricultura é o principal sector consumidor de água na Índia, a gestão da procura na agricultura em regiões com escassez de água e em situação de stress hídrico seria fundamental para reduzir a procura agregada de água de modo a corresponder aos fornecimentos futuros disponíveis.

Existem várias opções para reduzir a procura de água na agricultura. Em primeiro lugar, as práticas de gestão da oferta incluem o desenvolvimento das bacias hidrográficas e dos recursos hídricos através de grandes, médios e pequenos projectos de irrigação. A segunda é através das práticas de gestão da procura, que incluem melhores tecnologias/práticas de gestão da água.

Andhra Pradesh tem uma área geográfica total de 2.75.045 km^2 e *uma população de* mais de 84,58 *milhões de habitantes* (Censo 2011). O Estado está situado numa região tropical entre as latitudes 13°N e 20°N e as longitudes 77°E e 85°E. É limitado a leste pela Baía de Bengala, a nordeste pelos Estados de Orissa e Madhya Pradesh, a norte pelo Estado de Maharashtra, a oeste pelo Estado de Karnataka e a sul pelo Estado de Tamil Nadu. O Estado tem uma longa linha costeira de 960 km que vai de Ichapuram, a norte, no distrito de

Srikakulam, até ao lago Pulicat, a sul, no distrito de Nellore. O Estado é composto por 23 distritos.

Fig. – 1.1

Irrigation Intensity in Andhra Pradesh

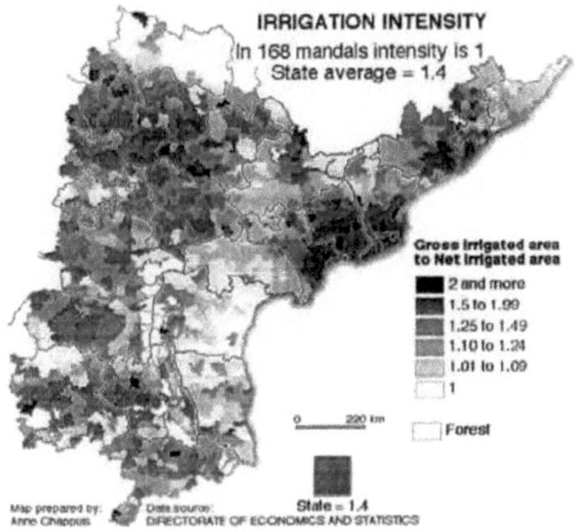

Geograficamente, o Andhra Pradesh situa-se na Índia peninsular, consistindo no que é vulgarmente conhecido como planalto de Deccan a noroeste, na faixa costeira a leste e em Rayalaseema a oeste-sudoeste. Por conseguinte, Andhra Pradesh tem a vantagem de ter a maior parte dos rios que correm a leste no coração do Estado, trazendo abundantes abastecimentos dos Ghats ocidentais e orientais e do planalto do Decão até à baía de Bengala.

Andhra Pradesh é uma terra de muitos rios e lagos e, por isso, é popularmente e muito apropriadamente referido como o "ESTADO DO RIO". Os rios principais, médios e secundários que atravessam o Estado são cerca de 40. Entre estes, cinco são os rios mais importantes e perenes da Índia peninsular. São eles os rios Godavari e Krishna, cujas bacias se estendem pelos Estados de Maharashtra, Karnataka, Madhya Pradesh, Chattisgarh, Orissa e Andhra Pradesh e correm no coração do Estado. Para além destes dois grandes rios interestatais, outros rios interestatais de média dimensão que atravessam o Estado são o Vamsadhara e o Nagavali, a norte, e o Pennar, a sul. Para além dos rios interestatais acima referidos, pequenos rios que têm a sua origem no Estado desaguam na Baía de Bengala depois de atravessarem o Estado por curtas distâncias.

O rendimento fiável de todos estes rios é de 2764,5 TMC. Este valor divide-se em 1480 TMC de Godavari, 811 TMC de Krishna, 99 TMC de Pennar e o restante de outros pequenos rios. Até à data, a utilização da água é de apenas 1765 TMC, irrigando 62,60 lakh ha contra uma área cultivável de 157,78 lakh ha. Mais de 70% da população de Andhra Pradesh depende da agricultura.

Andhra Pradesh tem um património de cultivo e irrigação que remonta a vários séculos. No passado, os governantes de Andhra prestaram muita atenção ao desenvolvimento da irrigação nos seus reinos para benefício dos seus súbditos. Grandes lagos como Ramappa, Pakhal, Laknavaram e muitas outras obras de irrigação do período Kakatiya tornaram-se nomes a recordar. O tanque de Cumbum, o reservatório de Kanigi, o tanque de Anantapur, o tanque de Porumamilla no distrito de Cuddapah, o Bukkaray Samudram, o tanque de Mopad, o tanque de Nandyal e os anicuts que atravessam o rio Tungabhadra, como Koregal, Vallabhapur, Raya, Basavanna, Turtha, Kampli, Bennur Rampur, etc., são algumas das obras monumentais de irrigação herdadas pelo Estado dos reis de Vijayanagar.

O anicut que atravessa o rio Godavari em Dhavaleswaram, o anicut que atravessa o Krishna em Vijayawada, o anicut que atravessa o Pennar em Nellore Sangam, o K.C Canal System que parte do anicut de Sunkesula em Tungabhadra, o regulador que atravessa Nagavali perto de Thotapally e o anicut que atravessa Muniyeru em Polampalli são o legado dos engenheiros britânicos como Sir Arthur Cotton, Sir Charles Alexander Orr e o Coronel John Penny Cwiquick, que transformaram milhares de hectares de terras áridas nos distritos costeiros do Estado numa grande "tigela de arroz" durante o século XIX. John Penny Cwiquick, que transformaram milhares de hectares de terras estéreis nos distritos costeiros do Estado numa grande "tigela de arroz" durante o século XIX.

O Tanque Mir Alam é o melhor exemplo de barragem em arco construída em Hussain Sagar, o Anicut de Ghanapur através do Manjira com dois canais chamados Projectos Fathenahar e Mahabbobnagar, o lago Pocharam, Osmansagar, *Himayatsagar, Projeto Nizamsagar, O projeto Mannair, o projeto Dindi, o projeto Palair*, o projeto Wyra e os projectos Sarlasagar são alguns dos magníficos contributos dos eminentes engenheiros do Estado de Hyderabad sob o comando de Nawab Ali Nawaz Jung Bahadur durante o reino de Nizam na região de Telangana. No total, durante o período pré-independência, foram desenvolvidos 13,44 lakh ha de ayacut através da construção de grandes anicuts nos rios Krishna, Godavari e Pennar e da construção de projectos médios no sector da irrigação.

Os progressos notáveis registados no desenvolvimento da irrigação na Índia desde a independência não têm paralelo. É atribuída uma elevada prioridade ao desenvolvimento dos recursos hídricos para um rápido desenvolvimento económico global. Os programas de desenvolvimento planeados ganharam ímpeto no âmbito dos planos quinquenais. O Governo da Índia atribuiu a máxima prioridade ao aproveitamento das águas dos rios para a prosperidade da nação. Foram construídas várias barragens nos rios e nos seus afluentes, grandes e pequenos, para armazenar e regular os caudais dos rios no âmbito de projectos polivalentes, grandes, médios e pequenos, a fim de utilizar a água para fins benéficos.

No âmbito dos planos quinquenais adoptados desde a independência, o investimento no sector da irrigação tem vindo a aumentar a fim de alcançar o crescimento agrícola no Estado. O Departamento de Irrigação do Estado iniciou a construção de alguns projectos importantes, nomeadamente o projeto Nagarjunasagar, o projeto Kaddem, a fase 1 do projeto Sriramsagar, a fase 1 do projeto Vamsadhara, o projeto Somasila, os projectos TBP HLC e LLC e o esquema de desvio de Rajolibanda. Além disso, foram construídas barragens de Godavari e Prakasam em vez dos antigos anicuts em Godavari e Krishna. Até 2008-09, o potencial total de irrigação criado no âmbito da irrigação principal é de 27,83 lakh ha, no âmbito da irrigação média é de 2,67 lakh ha e no âmbito da irrigação de reservatórios menores é de 9,89 lakh ha.

Precipitação

A precipitação média anual normal de Andhra Pradesh é de 940 mm. O Estado recebe mais de 75% da chuva durante a Monção do Sudoeste, ou seja, entre junho e setembro. O outro grande período de precipitação no Estado é a Monção do Nordeste, durante os meses de outubro e dezembro.

No entanto, existe uma grande variação na distribuição da precipitação no Estado, que vai de menos de 600 mm (Ananthapuramu) a mais de 1200 mm (East Godavari). Além disso, a variação da precipitação de um ano para outro é também muito elevada, o que é bem visível nos dados de precipitação dos últimos 10 anos.

Quadro -1.5: Tendências anuais da precipitação em Andhra Pradesh

Ano	19992000	200001	200102	200203	200305	200405	200506	200607	200708	200809
Precipitação real	771	925	874	613	937	613	1147	857	1079.8	847.3
Desvio do normal	-18%	-1.6%	-7%	-35%	-0.3	-35%	22%	-8.8%	28.5%	-10%

Fonte: Water Resources Statistical Abstract Andhra Pradesh 2010, Office of Commissioner Command Area Development, Irrigation and Command Area Development Department, Governo de Andhra Pradesh, p.8.

De acordo com o Quadro 6, durante os 10 anos de estudo, 8 anos registaram um défice de precipitação de pelo menos 10% e 2 anos registaram um défice de precipitação de 35%. Outros 2 anos registaram uma precipitação deficitária de cerca de 10%. Por outro lado, durante o mesmo período, apenas 2 anos registaram excesso de precipitação, ou seja, uma quantidade significativa de mais de 20%. Assim, a amplitude de variação da precipitação durante os últimos 10 anos é de cerca de 63%, de -35% a 28,5%. Além disso, a análise da precipitação durante 1961-2007 indica um défice de precipitação em todos os 18 anos numa ou noutra parte do Estado.

Com base na fiabilidade da precipitação, o Governo da Índia identificou os mandals propensos à seca em Andhra Pradesh, que se concentram em grande medida nas zonas semi-áridas do Estado, alimentadas pela chuva.

É evidente na Tabela-6 que todos os distritos do estado estão a receber a precipitação máxima das monções do sudoeste. Mas apenas 12 dos 23 distritos receberam precipitação normal ou mais do que normal durante o período da monção do sudoeste em 2008-09. A precipitação efectiva é superior à normal durante o período da monção do nordeste em 5 distritos do Estado. Nenhum dos distritos recebeu precipitação normal durante o período de inverno. Durante o período de tempo quente, 4 distritos do Estado receberam precipitação normal ou superior à normal. No total, apenas 2 distritos do Estado registaram uma precipitação normal ou superior à normal.

1.11 Disponibilidade e utilização das bacias hidrográficas e das águas de superfície

O Andhra Pradesh tem 3 grandes sistemas fluviais - Krishna, Godavari e Pennar, com uma produção anual de água de 22,99, 41,96 e 2,79 mil milhões de toneladas, respetivamente. Tem também outros 37 rios que desaguam na Baía de Bengala, com um rendimento total anual de água de 10,755 mil milhões de toneladas. Todos os rios do Estado são sazonais, com a maior parte do caudal a ocorrer durante a monção do sudoeste. A parte do Estado do caudal dependente (75% de dependência) de todos os rios está estimada em 78,51 mil milhões de toneladas, dos quais cerca de 56,27 mil milhões de toneladas estão atualmente a ser utilizados. Em função da disponibilidade e da utilização atual da água, as bacias do Estado foram classificadas como bacias excedentárias e deficitárias.

A área total de comando cultivável no Estado foi estimada em 11,3 milhões de hectares, dos quais cerca de 4,04 milhões de hectares estão a ser irrigados a partir de fontes de água de superfície. Destes, 2,78 milhões de hectares são irrigados através dos 18 grandes projectos de irrigação existentes, 0,27 milhões de hectares através de 86 projectos de irrigação médios e 0,99 milhões de hectares através de mais de 75 000 tanques de irrigação menores.

A partir de 2004, o Governo de Andhra Pradesh iniciou a execução do programa Jalayagnam, que atribui a máxima prioridade ao desenvolvimento de infra-estruturas de irrigação, em especial nas zonas atrasadas e propensas à seca do Estado. Inclui 44 grandes projectos de irrigação que criarão 3,77 milhões de hectares de novas áreas irrigadas e estabilizarão 0,88 milhões de hectares de áreas irrigadas existentes, com um custo de 158830,37 milhões de rupias, 30 projectos de irrigação médios que criarão 0,18 milhões de hectares de novas áreas irrigadas e estabilizarão 0,88 milhões de hectares de áreas irrigadas existentes, com um custo de 158830,37 milhões de rupias.18 milhões de hectares de novas áreas irrigadas e estabilizar 20.466 hectares de áreas irrigadas existentes, com um custo de 3710,48 milhões de rupias, e 561 projectos de irrigação menores que criarão 0,22 milhões de hectares de novas áreas irrigadas, com um custo de 2445,26 milhões de rupias. Estes projectos constituem uma componente importante do programa do Governo indiano da Missão Nacional de Irrigação (MNI), que tem por objetivo irrigar 10 milhões de hectares de terras no país.

1.12 Disponibilidade e utilização das águas subterrâneas

A disponibilidade anual líquida de águas subterrâneas em Andhra Pradesh é de 3,11 milhões de ha, dos quais 1,19 milhões de ha se situam em zonas de comando de irrigação e os restantes 1,92 milhões de ha em zonas não comandadas. A estimativa acima referida do potencial de águas subterrâneas considera uma área de 22,81 milhões de hectares para recarga. A utilização das águas subterrâneas no Estado é de aproximadamente 1,29 milhões de ha por ano, dos quais cerca de 1,20 milhões de ha são utilizados para irrigação, enquanto cerca de 0,21 milhões de ha são utilizados para fins industriais e domésticos.

As tendências de utilização das águas subterrâneas no Estado indicam um crescimento persistente e contínuo da exploração para fins agrícolas, industriais e de água potável. No entanto, observam-se grandes variações regionais no padrão de utilização das águas subterrâneas. A exploração das águas subterrâneas nas zonas de comando não é muito preocupante, mas a exploração nas zonas de não comando tem implicações graves que exigem uma intervenção imediata. Existem 132 mandals no Estado onde mais de 90 por cento da irrigação é efectuada através de águas subterrâneas. Isto deve-se ao facto de a irrigação com base nas águas subterrâneas ser a principal opção disponível para os agricultores nas zonas não comandadas, facilitada pela disponibilidade de crédito fácil para o investimento privado. A densidade de dispositivos de extração de águas subterrâneas aumentou no Estado numa magnitude superior a 16 vezes nas últimas 3 décadas, com um total de 1,97 milhões desses dispositivos em utilização em 2007.

Devido ao rápido crescimento da extração de água subterrânea, observa-se uma tendência crescente de esgotamento das águas subterrâneas no Estado. Para monitorizar esta situação, o Departamento de Águas Subterrâneas do Estado dividiu todo o Estado em 1229 unidades de avaliação das águas subterrâneas (bacias hidrográficas) e classificou-as como sobre-exploradas (132 unidades), críticas (89 unidades), semi-críticas (175 unidades) e seguras (833 unidades).

QUADRO - 1.6: Pormenores das monções sazonais

Distrito	**Monção do Sudoeste (junho a**		**Nordeste Monção (outubro a dezembro)**		**Período de inverno (janeiro a fevereiro)**		**Tempo quente Período (março a maio)**		**Total (junho a maio)**	
	Atual	**Normal**	**Atual**	**Normal**	**Atual**	**Norma**	**Atual**	**Normal**	**Atual**	**Normal**
Srikakulam	763.5	705.7	29.8	276	0	25.9	31.9	154	825.2	1161.6
Vizianaqaram	812.1	692.7	37.7	245.8	0	25.5	56.8	166.7	906.6	1130.7
Visakhapatnam	672.4	712.6	81.8	297.2	0	22,3	83.7	170.2	837.9	1202.3
LESTE GODAVARI	807.2	751.7	171.6	319.6	0	20.2	56.3	126.2	1035.1	1217.7
Godavari Ocidental	948.6	7	151.4	245.4	0	19	40.4	104.7	1140.4	1153.0
Krishna	905.9	685.1	185.9	249.4	0	15.8	95.9	83.2	1187.7	1033.5
Guntur	633.9	525.8	194.5	228.9	0	18.4	54.9	79.9	883.3	853
Prakasam	288.7	388.3	418.4	393.7	1	16.3	55.2	73.2	763.3	871.5
Nellore	251.3	331.3	675.8	661.4	0.2	19.9	32.1	67.8	959.4	1080.4
Chittoor	363.1	439.4	451.8	395.4	0.8	12.1	60.7	8	876.4	933.9
CUDDUPAH	284.7	393.6	311.8	251	0.3	3.4	57.6	51.6	654.4	699.6
Ananthapuram u	436.3	338.4	161	155.3	0.5	2.9	82.8	55.7	680.6	552.3
Kurnool	378.0	455.1	136.3	149.6	0	*6*	68.0	61.2	582.3	670.5
Mahabubnaqar	389.3	446.6	46.9	120.9	0	3.2	21.4	33.2	457.6	603.9
Ranqa Reddy	676.2	587.8	56.8	132	0	8.1	29.9	53.2	762.9	781.1
Hyderabad	863.8	562.1	79.2	152	0	4	29.3	56.8	972.3	779.3
Medak	670.7	679.8	15.2	133.1	0	10	22.5	50.1	708.4	873
NIZAMABAD	800.7	849.1	14.3	134.1	0	15.1	25.5	37.2	840.5	1035.5
Adilabad	867.3	984.1	13.3	116.7	0	17	6.1	39.6	886.7	1157.4
Karimnaqar	741.9	792.8	13.3	113.6	0	17.5	29.3	44.5	784.5	968.4
Warangal	974,1	7	30.9	120	0	11.3	26.4	63.3	1031.4	993.6
Khammam	1171.7	890.3	87.3	130.3	0	16.7	67.9	86.7	1326.9	1124.0
Nalgonda	610.2	561.8	55.8	139.7	0	7.5	20.1	43.6	686.1	752.6
Andhra Pradesh	641.4	624.3	158.9	224.4	0.1	13.9	46.8	77.8	847.3	940.4

Fonte: Water Resources Statistical Abstract Andhra Pradesh 2010, Office of Commissioner Command Area Development, Irrigation and Command Area Development Department, Governo de Andhra Pradesh.

Traduzido em termos de Mandals, 219 (17,7%) estão sobre-explorados, 77 (6,3%) são críticos, 179 (14,50%) são semi-críticos e os restantes 760 (61,5%) são seguros. No entanto, se os Mandals forem separados pela sua localização em áreas de comando e não comando, a distribuição revela uma mudança significativa, com os Mandals seguros nas áreas não comando a reduzirem-se a apenas 55%, enquanto, a nível regional, os números descem ainda mais para 50% em Telengana e 40% em Rayalseema. A não ser que esta situação seja atenuada, existe um sério risco de que, no futuro, mais mandals no Estado venham a sofrer de stress de águas subterrâneas. Esta situação poderia causar graves problemas ambientais e, além disso, a sustentabilidade da agricultura de irrigação subterrânea poderia tornar-se improdutiva, causando graves impactos adversos nos meios de subsistência dos agricultores afectados. Consequentemente, embora ainda haja margem para desenvolver a utilização das águas subterrâneas nas zonas de comando como utilização conjuntiva, é necessário regular a captação de águas subterrâneas nas zonas de sobre-exploração e de utilização crítica através de incentivos à recarga e do aumento da eficiência da utilização da água.

1.13 Potencial de irrigação criado e utilizado

O potencial total de irrigação notificado em Andhra Pradesh é de 4,04 milhões de hectares, dos quais 2,78 milhões de hectares estão abrangidos por grandes projectos de irrigação, 0,27 milhões de hectares por projectos de irrigação médios e cerca de 0,99 milhões de hectares por tanques menores. No entanto, a cobertura de irrigação não está uniformemente distribuída por todo o Estado e existem zonas de elevada cobertura e de baixa cobertura, tanto em termos de superfície cultivada total irrigada como de intensidade de irrigação.

Outra área de grande preocupação para a irrigação no Estado é a baixa eficiência dos projectos de irrigação. Em vários projectos de irrigação de grande e média dimensão, existe uma diferença entre o potencial de irrigação criado e o potencial de irrigação utilizado, o que cria lacunas significativas.

Fig - 1.2

INTENSIDADE DE IRRIGAÇÃO EM ANDHRA PRADESH

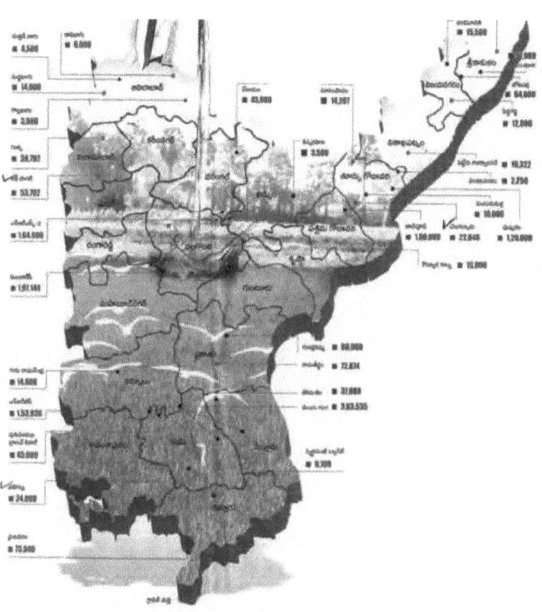

QUADRO -1.7

Área líquida irrigada por diferentes fontes de irrigação e área bruta irrigada de 1999-2000 a 2008-2009 (em ha)

Ano	Tanques	Projeto Canais	Tubo Poços	Outros Poços	Outras fontes	Área de rede Irrigado	Área irrigada mais de uma vez	Área bruta Irrigar d	% da área irrigada em relação ao total Cortado Área
1999-00	551427	1634252	999625	900312	198508	4384124	1361759	5745883	44.1
2000-01	726809	1649387	1066338	887963	197232	4527729	1388418	5916147	43.7
2001-02	567519	1562413	1115711	811727	180498	4237868	1310765	5548633	43.5
2002-03	425677	1208538	1152800	689485	137164	3613664	922531	4536195	39.2
2003-04	489560	1136696	1195261	674258	138094	3633869	1146814	4780683	38.7
2004-05	477100	1345979	1254501	649135	153875	3880590	1106128	4986718	39.8
2005-06	661626	1572222	1350240	635988	172227	4392303	1604163	5996466	44.8
2006-07	602227	1622754	1420079	653461	154357	4452878	1616692	6069570	47.3
2007-08	584965	1609418	1643382	643802	162583	4644150	1640632	6284782	46.3
2008-09	647809	1669447	1610053	713115	179827	4820251	1920311	6740562	48.7

Fonte: Water Resources Statistical Abstract Andhra Pradesh 2010, Office of Commissioner Command Area Development, Irrigation and Command Area Development Department, Government of Andhra Pradesh, p.58-059.

Um olhar sobre o quadro 8 deixa claro que uma questão mais preocupante em matéria de irrigação no Estado é a cobertura efectiva da irrigação. Existem três fontes de estimativa da cobertura de irrigação no Estado: a

Direção de Economia e Estatística, o Departamento de Irrigação e Desenvolvimento de Áreas de Comando e o Centro de Aplicação de Sensoriamento Remoto de Andhra Pradesh. Este último calcula a cobertura de irrigação utilizando imagens de teledeteção por satélite. Os dados relativos à cobertura da irrigação para os grandes e médios projectos de irrigação apresentados pelas três agências para os anos de 2007-08 e 2008-09 mostram claramente esta discrepância.

1.14 Irrigação - passado e presente

Historicamente, as principais fontes de irrigação na AP são os tanques, os canais e os poços, pela mesma ordem de importância. Até ao início da década de 1970, os tanques eram as fontes dominantes de irrigação nas regiões de Telangana e Rayalaseema, enquanto os canais eram a principal fonte na região costeira de Andhra (Quadro 9). Após a década de 1970, a irrigação por poços emergiu como uma fonte importante nas regiões de Telangana e Rayalaseema. Durante o período de quatro décadas, a proporção da área irrigada no Estado aumentou de 27% em 1963 para 40% em 2002. O crescimento da área irrigada é mais acentuado na região de Telangana (de 21% para 37% entre 1963 e 2002) do que nas regiões costeiras e de Rayalaseema, o que resultou numa diminuição substancial das disparidades regionais. Durante este período, as disparidades intra-regionais também diminuíram nas três regiões (Quadro - 9).

Na ausência de mecanismos de reabastecimento, a irrigação do poço torna-se incerta. Além disso, a especificidade do recurso em termos de localização torna-o concentrado em limites geográficos limitados. Apesar do aumento da área irrigada, especialmente com poços, tanto a região de Telangana como a de Rayalaseema têm a maioria dos seus distritos com menos de 33% da área irrigada. A incerteza quanto à disponibilidade de irrigação reflecte-se nas variações anuais do número de distritos que se inserem nesta categoria ao longo dos anos. Por outro lado, na região costeira, apenas um distrito (Prakasam) se encontrava consistentemente nesta categoria até 1983. Este facto torna a agricultura insustentável na maioria dos distritos destas regiões.

QUADRO-1.8: Percentagem da área irrigada (área irrigada líquida / área semeada líquida) nas regiões e fontes em Andhra Pradesh

Região	Triénio que termina em 1963		Triénio que termina em 1973		Triénio que termina em 1983		Triénio que termina em 1993		Triénio que termina em 2002	
Canal										
Litoral	27	81	31	68	35	55	34	49	30	49
Rayalaseema	4	101	5	70	6	64	5	71	4	74
Telangana	4	178	4	123	6	131	7	99	7	105
AP	12	120	13	87	16	83	16	73	14	76
Tanque										
Litoral	14	80	13	92	12	88	11	92	9	96
Rayalaseema	6	124	5	131	4	103	3	128	2	125

Telangana	12	52	6	63	9	60	7	74	5	82
AP	11	85	8	95	9	84	7	98	6	101
Bem										
Litoral	3	76	5	96	6	107	9	93	12	79
Rayalaseema	5	109	7	98	8	92	12	70	16	77
Telangana	3	67	4	78	7	55	17	66	23	58
AP	4	84	6	91	7	85	13	76	17	71
Total										
Litoral	45	59	50	48	55	32	57	31	54	26
Rayalaseema	15	77	17	61	19	51	21	44	23	55
Telangana	21	60	16	66	23	54	32	57	37	51
AP	27	65	28	58	33	46	37	44	40	44

Notas: Avg = Média. CV = Coeficiente de variação.

A tendência política contra a irrigação menor continua, embora a manutenção de sistemas de tanques faça sentido tanto do ponto de vista ecológico como económico **(Reddy 2004)**. Embora a irrigação por poço seja uma opção remuneradora a curto prazo, a sua sustentabilidade a longo prazo está criticamente ligada a mecanismos de reabastecimento como tanques, bacias hidrográficas, padrões de precipitação, etc. A irrigação por tanques e a irrigação por poços são tratadas como substitutos, enquanto a primeira complementa a segunda. A perpetuação destas tendências seria uma receita para o desastre ecológico. Os sinais de tais problemas ecológicos são já evidentes na secagem dos poços e na sua falência. A rutura de poços tornou-se um fenómeno comum nos últimos anos, especialmente nas regiões propensas à seca. A manutenção destas tendências afectaria negativamente a irrigação dos poços. Estes impactos são visíveis em todas as regiões em termos de rendimento dos poços **[Reddy 2003]**.

O facto de se deixar a exploração das águas subterrâneas ao critério dos investimentos privados, associado à ausência de mecanismos reguladores eficazes, resultou em graves pressões económicas e ecológicas nas regiões de Telangana e Rayalaseema, que albergam a maioria dos distritos propensos à seca. Isto, por sua vez, está a resultar não só em desigualdades económicas, mas também na divisão ecológica. A negligência das regiões pobres em recursos no que se refere ao fornecimento de irrigação de proteção está a enfraquecer ainda mais a sua fragilidade. Mesmo as políticas recentes de gestão dos recursos hídricos não têm em conta as necessidades destas regiões. Por exemplo, as águas subterrâneas, a fonte mais importante de irrigação, são totalmente excluídas do âmbito de aplicação da legislação relativa às associações de utilizadores de água. Não há esforços para integrar a irrigação por poços e tanques a nível político.

QUADRO-1.9 : Potencial de irrigação final e realização por fonte em Andhra Pradesh

(Área em milhares de hectares)

		Major e Mediu	Menor

1.	Potencial máximo	5000'00 (5000)	6260.00 (4200)
2.	Potencial criado até março de 1992	2999.00	2877 34
3.	Potencial criado até março de 1997	3045.00	2901.87
4.	4-Por cento do potencial criado até ao fim	60.90	46.36
5.	Realização efectiva até março de 1997	2883.80	2687.16
6.	Percentagem de realização do potencial máximo	57.68	42.93
7.	Número de projectos em curso	28	21
8.	Número de projectos propostos	48	34

Nota : Os valores entre parêntesis correspondem ao potencial estimado durante o Oitavo Plano.

Fonte: Comissão de Planeamento. Nono Plano Quinquenal, 1997-2002, Governo da Índia. Governo de Andhra Pradesh, Departamento de Irrigação e CAD. Documento de estratégia sobre irrigação, 2001.

TABELA-1.10: Número de distritos com menos de um terço da sua área irrigada em todas as regiões

Região	**Triénio que termina em 1963**	**Triénio Fim de 1973**	**Triénio Fim de 1983**	**Triénio Fim de 1993**	**Triénio findo em 2002**
Litoral	1 (Guntur)	1 (Prakasam)	1 (Prakasam)	0	0
Rayalasee Ma	2 (Anantapur e Kurnool)	4 (Anantapur, Kurnool, Cuddapah e Chittoor)	4 (Anantapur, Kurnool, Cuddapah e Chittoor)	4 (Anantapur, Kurnool Cuddapah e Chittoor)	2 (Anantapu r e Kurnool)
Telangana	4 (Medak, Mahahubna gar, Khammam e Adilabad)	8 (Nizamabad, Medak Mahabubnagar, Nalgonda, Warangal, Khammam, Karimnagar e Adilabad)	7 (Rangareddy, Medak, Mahabubnagar, Nalgonda, Warangal, Khammam e Adilabad)	4 (Rangareddy, Medak, Mahabubnagar e Adilabad)	4 (Rangared dy, Medak, Mahabub nagar e Adilabad)
AP	8	13	12		

De acordo com o nono plano quinquenal, o potencial de irrigação final na AP está estimado entre 92 e 112 lakh hectares, quase igualmente dividido entre fontes principais e médias e fontes menores. Deste potencial, cerca de 58% das fontes principais e médias e 43% das fontes secundárias foram realizadas até março de 1997. Espera-se que os 49 projectos em curso em várias fases de conclusão, juntamente com 82 projectos propostos, explorem plenamente este potencial a longo prazo. Quando estes projectos estiverem concluídos, o cenário da distribuição da irrigação será diferente.

O Governo do Estado está empenhado em concluir todos os projectos em curso até 2008 e em concluir todos os projectos propostos até 2010. Embora o Estado esteja a tentar gerar as dotações financeiras necessárias, é difícil imaginar que os projectos possam ser concluídos até 2010, dada a história do desenvolvimento da irrigação no Estado e no país. Por conseguinte, partimos do princípio de que os projectos em curso serão concluídos até 2010 e os projectos propostos até 2020. Juntamente com a irrigação por canal, o potencial não explorado das águas subterrâneas e os tanques existentes também são incluídos para se chegar à área final realizável sob irrigação nos distritos.

Como já foi referido, as principais razões para as disparidades regionais no desenvolvimento da irrigação são de natureza natural, económica e técnica e não puramente políticas. A ideia atual é ultrapassar os obstáculos naturais e técnicos, independentemente dos custos económicos. O principal objetivo dos projectos propostos é a utilização das águas não utilizadas do Godavari (762 TMC).

Os custos económicos já não são um estrangulamento, uma vez que existe um acordo universal para o desenvolvimento da irrigação, especialmente nas zonas mais atrasadas, mas a viabilidade técnica pode ser um grande constrangimento. Por exemplo, estima-se que a necessidade de energia para irrigar um hectare de cultura kharif é de cerca de 8.810 unidades **[Rao 2003]**. Este tipo de necessidade de energia só pode ser satisfeita através da criação de um projeto de energia hidroelétrica separado. Isto é possível através da construção de quatro barragens e três reservatórios em Godavary **(ibid)**. Por conseguinte, os projectos de energia hidroelétrica devem ser integrados no esquema global de desenvolvimento da irrigação. No entanto, a manutenção dos projectos de irrigação continua a ser uma grande preocupação devido aos elevados custos de funcionamento da irrigação.

A produção de energia hidroelétrica exige capital de exploração. Os agricultores têm de pagar mais por acre de irrigação, mesmo depois de o governo absorver os custos de capital da produção de energia hidroelétrica. Este facto remete-nos para a questão, há muito levantada, do preço da água de irrigação com base nos custos. A sustentabilidade a longo prazo destes projectos está criticamente ligada ao preço da água. A menos que os agricultores estejam convencidos e dispostos a pagar a fatura, será difícil manter os projectos. Isto tem de ser inculcado desde a fase de conceção do projeto. Isto será mais fácil se forem aplicadas políticas de preços eficazes nas regiões já irrigadas. A fixação do preço da água numa base volumétrica, de modo a cobrir pelo menos os custos de operação e manutenção, é necessária para uma utilização eficiente e produtiva da água **(WALAMTARI, 2004)**.

1.15 CONTRIBUINTES PARA O DESENVOLVIMENTO DA IRRIGAÇÃO NA ÍNDIA

a. Sir Arthur Cotton

Sir Arthur Cotton, o Apara Bhageeratha, nasceu a 15 de maio de 1803, sendo o décimo filho do Sr. e da Sra. Henry Calvely Cotton. Era um dos onze irmãos, que tiveram uma vida honrada ao longo de todas as vicissitudes das suas diferentes carreiras. Aos 15 anos de idade, ou seja, em 1818, Cotton ingressou como cadete militar em Addiscombe, onde recebiam formação os cadetes da Artilharia e do Serviço de Engenharia da Companhia das Índias Orientais. Foi nomeado segundo-tenente dos Royal Engineers em 1819. Em janeiro de 1820, o

Tenente Cotton iniciou a sua carreira no levantamento de ordenanças no País de Gales, onde recebeu grandes elogios pelos seus admiráveis relatórios.

Fig.1.3 : SIR ARTHUR COTTON

Aos 18 anos (1821) foi nomeado para prestar serviço na Índia, tendo sido inicialmente adido ao Engenheiro-Chefe de Madras e, mais tarde, nomeado Engenheiro Assistente do Engenheiro Superintendente do Departamento de Tanques, Divisão Sul, de 1822 a 1824. Cotton passou parte do tempo no Departamento de Tanques de Irrigação e parte em tarefas militares na Birmânia.

Depois de regressar da Birmânia, Cotton efectuou o levantamento marítimo da passagem de Pamban entre a Índia e o Ceilão. Cotton foi promovido ao posto de "capitão" no ano de 1828 e foi responsável pela investigação do projeto Cauveri. O Cauveri Anicut foi bem sucedido e abriu caminho a grandes projectos nos rios Godavari e Krishna. Em 1844, Cotton recomendou a construção de um "Anicut" com canais, diques e estradas no delta do Godavari e preparou planos para o porto de Visakhapatnam. No ano de 1847, foram iniciadas as obras do Anicut de Godavari.

No ano de 1848, por motivos de saúde, foi para a Austrália e entregou o cargo ao capitão Orr. No ano de 1850 regressou à Índia e foi promovido a Coronel. Cotton utilizou da melhor forma os materiais locais, como a cal hidráulica, a boa pedra e a excelente teca disponíveis nas redondezas. Conseguiu concluir o magnífico projeto no rio Godavari em Dowleswaram no ano de 1852. No mesmo ano, iniciaram-se também as obras do Aqueduto de Gannavaram.

Após a conclusão do Godavari Anicut, Cotton concentrou-se na construção do aqueduto no rio Krishna. O projeto foi sancionado em 1851 e concluído em 1855. Após a conclusão dos anicutes de Krishna e Godavari, Cotton planeou o armazenamento dos rios Krishna e Godavari. Em 1858, Cotton apresentou propostas ainda mais ambiciosas para a ligação de quase todos os principais rios da Índia e sugeriu medidas de combate à seca em Orissa e a interligação de canais e rios.

Arthur Cotton foi reformado do serviço militar em 1860 e foi nomeado cavaleiro em 1861, tendo deixado a Índia. Nos anos de 1862 e 1863 visitou a Índia e prestou aconselhamento sobre alguns projectos de vales fluviais.

O seu trabalho na Índia foi muito apreciado e honrado com o K.C.S.I (Knight Commander of Supreme India) no ano de 1877. [th]O consolo espiritual fortaleceu-o e confortou-o até ao fim da sua missão terrena, ou seja, a 24 de julho de 1899, com a idade de 96 anos.

Na Índia, devido às realizações notáveis e pioneiras de SIR ARTHUR COTTON, o seu nome está consagrado no coração do povo para sempre e a nova barragem construída sobre o rio Godavari, a montante do Anicut, foi também baptizada com o nome de "SIR ARTHUR COTTON" e dedicada à Nação pelo Hon'ble Primeiro-Ministro da Índia no ano de 1982.

A magnitude do trabalho, a rapidez de execução e a produtividade dos engenheiros que trabalhavam na década de 1850 podem ser melhor compreendidas quando justapostas com obras semelhantes executadas após os avanços tecnológicos, a mecanização, as práticas de gestão modernas e a melhoria dos meios de comunicação", **escreveu A. Krishnaswamy, Administrador Especial do IAS,** Sir Arthur Cotton Barrage, no seu prefácio à reimpressão de 1987 da monografia "The engineering works of the Godavari Delta" (As obras de engenharia do delta do Godavari) de George T. Watch, um engenheiro-chefe reformado da Irrigação, Madras, publicada em 1896.

b. Jalayagnam

Jalayagnam, como a palavra indica, é um ritual de utilização da água. Foi implementado pelo Ex-Ministro-Chefe do Estado de Andhra Pradesh, Dr. Y.S. Rajasekhar Reddy, como uma promessa eleitoral às pessoas que cultivam o Estado, para irrigar 73 lakh acres em cinco anos.

O conceito de Jalayagnam tinha por objetivo proporcionar uma solução permanente para a seca e as inundações. O Governo considera sempre que, se o agricultor for feliz, o Estado florescerá. Este projeto tem a capacidade de redesenhar os contornos do próprio Estado.

Fig.1.4: Dr. Y. RAJASEKHAR REDDY

Não são apenas palavras, mas a dotação orçamental por região que reflecte o compromisso do Governo do Estado.

De certa forma, ele empreendeu um projeto que nenhum governo em qualquer parte do mundo alguma vez ousou fazer. O Jalayagnam foi aclamado por todos e o Primeiro-Ministro, Dr. Manmohan Singh, descreveu-o como "**O Ministro-Chefe Dr. Y.S. Rajasekhara Reddy está a seguir os passos de Sir Arthur Cotton, que**

criou maravilhas no rio Godavari há 150 anos". Um comentário que reflecte a resposta do Governo da União a uma grande visão.

c. Akasa Ganga

Muitos habitantes das aldeias rurais da Índia ainda caminham vários quilómetros para obter água potável. Uma torneira aberta continua a ser um sonho e as doenças transmitidas pela água continuam a ser responsáveis por muitas mortes nessas zonas. **Bhagwati Agrawal** pensou em resolver todas estas questões complexas com a ideia interessante mas simples de ***Aakazh Ganga*** ("rio do céu").

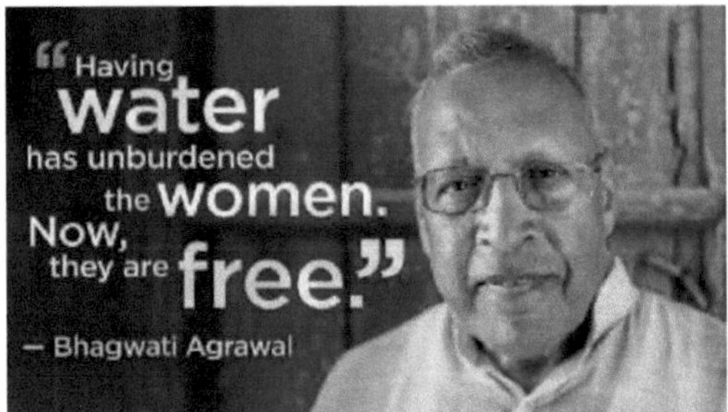

Fig.1.5: Sri BHAGWATI AGARWAL

Até à data, 10 000 vidas em **seis aldeias** mudaram significativamente graças a esta iniciativa. Os maiores beneficiários são as mulheres destas aldeias do Rajastão, propensas à seca, que registaram melhorias imensas nas suas perspectivas de saúde, subsistência e educação.

d. Conceito da Missão Bhagiratha

Uma gigantesca extensão de 1,26 km de condutas será construída para saciar a sede das cidades e aldeias de Telangana, para além de fornecer água para as necessidades da população. O Governo sancionou 4 000 milhões de rúpias para o exercício financeiro de 2015-16, de um custo total do projeto de 35 000 milhões de rúpias. O departamento de Panchayat Raj, Desenvolvimento Rural e Abastecimento de Água Rural preparou a conceção do projeto.

O objetivo da Missão Bhagiratha consiste em fornecer 100 litros de água potável limpa por pessoa nos agregados familiares rurais e 150 litros por pessoa nos agregados familiares urbanos. Este projeto visa fornecer água a cerca de 25 000 habitações rurais e 67 habitações urbanas.

Fig.6 : Sri T. CHANDRASEKHAR

A rede hídrica de Telangana dependerá dos recursos hídricos disponíveis em Krishna e Godavari - dois rios perenes que atravessam o Estado. Um total de 34 TMC de água do rio Godavari e 21,5 TMC do rio Krishna seriam utilizados para a rede hídrica. Existem planos para utilizar a água de Srisailam, do projeto Sriram Sagar, do projeto Komuram Bheem, da barragem de Paleru, da barragem de Jurala e do projeto Nizam Sagar. Este projeto cientificamente concebido pretende utilizar o gradiente natural sempre que possível e bombear água sempre que necessário e fornecer água através de condutas. A rede a nível estatal será composta por um total de 26 redes internas.

As condutas principais deste projeto teriam uma extensão de cerca de 5000 km e as condutas secundárias, com uma extensão de cerca de 50000 km, seriam utilizadas para encher os tanques de serviço nas habitações. A partir daqui, a rede de condutas ao nível das aldeias, com cerca de 75 000 km, seria utilizada para fornecer água potável às famílias.

1.16 . Jalayagnam (iniciativa de irrigação)

Jalayagnam", como a palavra indica, é um ritual para a utilização da água. O Jalayagnum (culto da água) é um programa de gestão da água na Índia. Foi implementado pelo Ministro-Chefe do Estado de Andhra Pradesh, Dr. Y.S. Rajasekhar Reddy, como uma promessa eleitoral às pessoas que cultivam no Estado, para irrigar 73 lakh acres em cinco anos. Este projeto atribui a máxima prioridade ao desenvolvimento de infra-estruturas de irrigação, em especial nas zonas mais atrasadas e propensas à seca, através da adoção deste programa em grande escala. **O projeto Jalayagnam inclui uma série de projectos de irrigação através da construção de reservatórios e de sistemas de irrigação por elevação para captar água dos principais rios, em especial do Godavari, a fim de proporcionar benefícios imediatos em termos de irrigação.**

O programa Jalayagnam tem como objetivo concluir 30 grandes e 18 médios projectos de irrigação, com um custo de 46 000 milhões de rupias, para fornecer irrigação a uma extensão de 73 hectares, para além da estabilização de um ayacut existente de 21,32 hectares, fornecendo simultaneamente água potável a uma população de 1,2 milhões de habitantes e produzindo energia no valor de 1700

MW. Oito destes projectos deveriam estar concluídos antes da época de colheita da colheita de 2006.

Tendo reconhecido a importância do sector agrícola para um desenvolvimento económico mais rápido,

o Dr. Y.S. Rajasekhar Reddy começou a concentrar-se em grande medida no seu desenvolvimento e introduziu vários regimes em benefício dos agricultores, entre os quais o projeto Jalayagnam.

Nos últimos 50 anos, foi desenvolvido no Estado um total de 65 lakh acres de ayacut. Prevê-se que Jalayagnam duplique a área irrigada. Jalayagnam, em Andhra Pradesh, constituirá uma componente importante do objetivo da Missão Nacional de Irrigação (MNI) do programa do governo central, que consiste em colocar um crore de hectares de terra (2,5 crore acres) no país sob a ação do arado.

A grande dotação de fundos para a irrigação, uma vez que o governo considera a irrigação como um importante motor de crescimento, Os projectos mais dispendiosos são os projectos de irrigação por elevação destinados a irrigar a região seca de Telangana e a fornecer água à zona de Anantapur-Ongole-Mehaboobnagar que está a "transformar-se num deserto".

Dado que o nível do terreno se situa 300 metros acima do nível da água, a irrigação por elevação é, supostamente, a única forma de obter água no âmbito do projeto Jalayagnam. O Governo de Andhra Pradesh deu prioridade aos projectos nas seguintes regiões, a fim de os concluir rapidamente e criar um potencial de irrigação imediato.

Região de Andhra Região de Telangana, Região de Rayajaseema

Criação do potencial total de irrigação em JALAYAGNAM

SI. Não.	**Região**	**N.º de projectos**	**Desenvolvimento proposto para Ayacut (em hectares)**
1	Andhra	22	36,37,719
2	Rayalaseema	11	17,60,500
3	Telangana	26	29,13,388

Pormenores dos concursos concluídos em JALAYAGNAM

S. NÃO.	**Região**	**Pacotes E.P.C.**		**Não-E.P.C Pacotes**		
		Não. de Pacotes	**Valor do acordo (Rs em crores)**	**N.º de embalagens**	**Valor do acordo (Rs em crores)**	
1	Andhra	52	8496.01	9	692.59	9188.60
2	Rayalaseema	35	3945.29	4	136.04	4081.33
3	Telangana	71	14682.57	8	2048.14	16730.71
	Total	**158**	**27123,87**	**21**	**2876.77**	**30000.64**

Fonte: Departamento de I & CAD, Governo de Andhra Pradesh (2005).

Pela primeira vez fora da capital do Estado, Jalayagnam foi objeto de uma avaliação de alto nível pelo Ministro-Chefe, com a participação dos Colectores de 15 distritos, onde estão em pleno andamento os trabalhos relativos a 11 grandes e *seis* médios projectos. Cerca de 400 funcionários superiores do Departamento de Irrigação, do Gabinete de Pagamentos e Contas e da Transco, que assegura o fornecimento de energia eléctrica a estes projectos de elevação, bem como engenheiros e empreiteiros, participaram na avaliação.

1.17 CONCEITO DE JALAYAGNAM EM A.P.

O objetivo primordial da atitude mais convincente do governo do Estado propôs a construção de três tipos de projectos para utilizar e desviar o excesso de água desperdiçada da bacia de Godavari destinada à zona de seca durante 2004. Consequentemente, devem ser envidados esforços maciços para a construção dos projectos necessários, barragens de controlo entre as três categorias, investindo montantes avultados para uma gestão adequada da água que garanta um desenvolvimento económico sustentável. Até *à data,* o Governo empreendeu 54 projectos de irrigação, dos quais 37 são grandes projectos e 17 são projectos médios, estimando uma despesa de 72.540 milhões de euros desde o plano quinquenal de 10th . Foi criado um departamento separado para supervisionar o trabalho, conhecido como contrato de aquisição de engenharia. Os fundos devem ser acumulados a partir do Banco Mundial, do Banco Japonês para a Cooperação Interessante, do NABARD e do Governo da Índia ao abrigo do regime do Programa Acelerador de Benefícios de Irrigação (AIBP). Além disso, a A.P. The Water Resource Development Corporation também acompanhará os trabalhos de construção do projeto no Estado.

O Governo do Estado gastou montantes enormes e a dotação orçamental para a irrigação foi de 1528 milhões de rúpias em 2003-04, 3331 milhões de rúpias em 2004-05, 6524 milhões de rúpias em 200506, 10 041 milhões de rúpias em 2006-07 e 13 002 milhões de rúpias em 2007-08, respetivamente, e no orçamento de 2008-09 foram afectados 16500 milhões de rúpias. O conceito de Jalayagnam concentra-se principalmente na construção de barragens, projectos e barragens de controlo nos dois importantes rios Godavari e Krishna, com vista ao abastecimento de água para a agricultura, e inclui a seleção de locais nos chamados rios, o distrito beneficiado e a extensão da área de irrigação em três regiões do Estado. Os projectos propostos para construção no rio Godavari são onze nos distritos, beneficiando principalmente Karimnagar, Warangal, Medak, Nalgonda, Krishna, Vishakapatnam, Vijayanagaram, distritos de Godavari Ocidental e Oriental, Nizamabad, Guntur, Srikakulam e Prakasam, com o objetivo de fornecer água para a agricultura e a irrigação. Cerca de 47 lakhs de zonas, para além de 5,6 TMC de água fornecidos à NTPC e do fornecimento de água para a produção de eletricidade de 128 MW nos distritos de Krishna e West Godavari através dos projectos K.L Sagar.

O projeto Telugu Ganga foi igualmente proposto para fornecer 5 milhões de metros cúbicos de água potável a Tamil Nadu, tendo sido desenvolvidos 1,431 milhões de hectares de ayacut, que, após a sua conclusão, fornecerá água a 5 milhões de hectares. O projeto Gallor Nagar Sujala Savanti propunha-se desviar a água do rio Krishna para as zonas desfavorecidas de Rayal shima, fornecendo até 226 lakh acres nos distritos de Kadapa, Chittoor e Nellore. Além disso, o projeto Hundryneeva Sujala Savanti destina-se a desviar a água do rio Krishna para Rayalaseema, especialmente para as zonas de seca do distrito de Ananthapur. O Governo do Estado propôs 59 projectos para fornecer instalações de irrigação destinadas a cobrir os principais distritos de Telangana, Rayalaseema e alguns distritos da costa de Andhra, onde o abastecimento de água é escasso.

Para além disso, propõe-se o alargamento e a diversificação das instalações de abastecimento de água através do projeto Nagarjuna Sagar a partir do rio Krishna, que beneficiará grandemente Nalgonda, Krishna, Prakasam e Khammam, para além do abastecimento de água potável através do projeto Chevella no sub rio Godavari, conhecido como Pranahitha, que desvia água com uma capacidade de 160 TMC e fornece água a 12 lakh acre, bem como o abastecimento de água a zonas rurais e unidades industriais na cidade de Hyderabad. Beneficiou igualmente as regiões de Adilabad, Karimnagar, Nizamabad, Nalgonda, Medak e Rangareddy. Na região de Telangana, estão em curso projectos de irrigação de grande e média escala, bem como em Rayalaseema e nas zonas costeiras.

1.18 VANTAGENS DE JALAYAGNAM

O conceito de Jalayagnam criará com êxito mais vantagens para a economia do Estado se for concluído dentro do prazo.

> Fornece instalações de irrigação a 70 lakh hectares no Estado.

> Consolida uma gestão óptima da água, facilitando a 22 lakh que se preocupa

> 1,2 milhões de pessoas serão beneficiadas com a obtenção de água potável.

> Produz 2115 MW de eletricidade no Estado.

> O sistema adequado que fornece instalações de irrigação certamente aumentará a produtividade agrícola.

1.19 SUGESTÃO

- O presente estudo sugere ao governo que conclua os chamados projectos sem grandes atrasos e sem encargos financeiros adicionais.
- A realização de instalações de irrigação reduziu certamente os desequilíbrios regionais.
- A reforma global da política da água e a gestão da procura constituem uma prioridade máxima.
- Há uma necessidade urgente de propagar a recolha de água e de a transformar num movimento de massas.
- O Governo deve identificar as melhores formas de satisfazer as necessidades mínimas de água de toda a população.
- Os decisores políticos devem rever as novas e dispendiosas fontes de água que necessitam de grandes quantidades.
- Aumentar a disponibilidade de água subterrânea e diminuir a exploração excessiva dos recursos hídricos subterrâneos.
- Para melhorar a qualidade da água subterrânea dos aquíferos e aumentar a água nos poços, perfurar os poços de drenagem,
- Melhorar a humidade do solo, o que poupa a água devido à recolha de águas pluviais, o que aumenta o

nível das águas subterrâneas, não só melhora a qualidade da água, como também permite evitar a seca.

O conceito de Jalayagnam tinha por objetivo proporcionar uma solução permanente para a seca e as inundações. O Governo considera sempre que, se o agricultor for feliz, o Estado florescerá. Este projeto tem a capacidade de redesenhar o país do próprio Estado. As dotações orçamentais por região reflectem o empenho do Governo do Estado. O Estado, que dispõe de recursos naturais abundantes, não é capaz de os explorar de forma adequada. O Estado é pontuado por rios e afluentes que transbordam e há também a visão de terras que se tornam estéreis.

O Relatório do Auditor Geral da Controladoria da Índia (Relatório n.º 2 de 2012) foi preparado para ser apresentado ao Governador nos termos do artigo 151. O relatório contém os resultados da auditoria de resultados do programa "Jalayagnam" em Andhra Pradesh, entre 2004-05 e 2011-12, sobre o desenvolvimento de infra-estruturas de irrigação em zonas atrasadas, tribais e propensas a secas, envolvendo a construção de reservatórios e esquemas de irrigação por elevação, para a criação de 97,46 hectares de ayacut e a estabilização do ayacut existente de 22,53 hectares. O Jalayagnam é o programa mais importante e ambicioso do Governo de Andhra Pradesh, tanto em termos de dotação orçamental como do alcance socioeconómico previsto. O programa incluía 86 projectos (44 grandes projectos, 30 médios, 4 margens de inundação e 8 obras de modernização) e o seu custo foi estimado em 1,86 milhões de euros. Doze destes projectos foram iniciados antes de 2004-05 (custo aprovado: 2 139 milhões de euros) e foram integrados no programa Jalayagnam para acelerar a sua conclusão. Setenta e quatro (74) projectos foram sancionados entre 2004-05 e 2008-09 (custo aprovado: 1,83,470 milhões de euros).

O programa tinha por objetivo desenvolver infra-estruturas de irrigação, principalmente nas zonas atrasadas, ressequidas e propensas a secas das regiões de Telangana e Rayalaseema do Estado, a fim de criar um ayacut de 97,46 lakh acres e estabilizar o ayacut existente de 22,53 lakh acres. Prevê igualmente o abastecimento de água potável a cerca de 1/4 da população do Estado e a produção de 2700 MW de eletricidade. Considerando que a maioria dos oito milhões de habitantes do Estado depende da agricultura para a sua subsistência e que mais de *50%* da área cultivada no Estado é alimentada pela chuva, a prioridade atribuída pelo Governo ao sector da irrigação é extremamente oportuna e louvável.

O programa Jalayagnam inclui projectos que estão em fase de preparação há vários anos e alguns que foram iniciados ab-initio. Independentemente da data da sua inclusão no programa, a verificação dos projectos revelou que estes foram executados sem um planeamento adequado. Esta situação verificou-se especialmente no que respeita aos projectos nos rios Krishna e Pennar, onde a água necessária para a boa execução dos projectos é muito superior à quantidade disponível. O Governo do Estado estava consciente deste aspeto e, por conseguinte, propôs utilizar a água excedentária ou de inundação nestes dois sistemas fluviais.

Dos 74 projectos de irrigação em Jalayagnam, 31 eram sistemas de irrigação por elevação (LIS). A energia necessária para estes projectos, que foram essencialmente instalados nos rios Godavari e Krishna, corresponde a quase 54,*43%* da capacidade total instalada do Estado e a cerca de 30,*93%* do consumo total do Estado. Sendo Andhra Pradesh um Estado deficitário em energia, a necessidade média de energia do novo LIS durante o período de bombagem em relação ao consumo médio de energia de todo o Estado deixaria uma escassez de

18,64 MU por dia, aos níveis actuais.

Considerando a escassez de energia no Estado durante o ano em curso (2012), quando a diferença entre a procura e a oferta foi de 7413 MU, ou seja, 15,34 *por cento* da procura durante o período (abril a setembro de 2012), e o facto de o Estado ser forçado a comprar energia a taxas muito elevadas, fornecer a energia necessária para operar os elevadores e libertar água para irrigação aos agricultores ao abrigo de todas as LIS seria um enorme desafio para o Governo do Estado.

Os contratos para todas as obras no âmbito de Jalayagnam eram contratos compostos, que exigiam que os contratantes propusessem um preço fixo para a realização de um estudo e investigação pormenorizados, a conceção do projeto e a execução das obras em regime de chave na mão.

O programa Jalayagnam foi criado para acelerar a execução dos projectos de irrigação que se arrastam há muito tempo e para os concluir atempadamente, a fim de socorrer as zonas áridas e propensas à seca. Inicialmente, o Governo identificou 26 projectos como "prioritários" para serem concluídos num período de dois a cinco anos (18 projectos), e quando um projeto está parcialmente concluído, o Governo tem estado a libertar água para o ayacut. Até à data (setembro de 2012), o Governo libertou água para um novo ayacut de 12,74 lakh acres e estabilizou 2,07 lakh acres desta forma. A principal razão para a ultrapassagem dos prazos e dos custos destes projectos foi o atraso na aquisição dos terrenos necessários, nas autorizações e nas actividades de reabilitação e reinstalação.

Andhra Pradesh é essencialmente um Estado agrário com mais de *70%* da sua população dependente da agricultura. No entanto, o sector agrícola depende em grande medida das monções, sendo mais de *50%* da superfície cultivada alimentada pela chuva, embora, ao longo dos anos, se tenha verificado um aumento da exploração das águas subterrâneas para fins de irrigação em zonas não controladas. Embora o Estado disponha de uma área cultivável de 362,90 lakh acres, a área irrigada era de apenas 125,65 lakh acres em 2004-05. Além disso, da parte do Estado de 2769 TMC de caudais dependentes de todos os rios, a água utilizada foi apenas 1933 TMC (*70%)*. Embora todo o caudal fiável dos rios Krishna e Pennar tenha sido aproveitado através da construção de vários projectos de irrigação, o potencial hídrico do rio Godavari não foi plenamente explorado, tendo sido utilizados apenas cerca de 720 TMC dos 1480 TMC disponíveis. Por conseguinte, o Governo do Estado decidiu, em meados de 2004, iniciar a construção de novos projectos de irrigação e a conclusão dos projectos existentes de uma forma orientada.

Jalayagnam refere-se ao programa iniciado pelo Governo de Andhra Pradesh em 2004 com o objetivo de irrigar vastas extensões de terra e estabilizar o ayacut existente no Estado. O programa tinha por objetivo:

i. Desenvolvimento de infra-estruturas de irrigação em zonas atrasadas, tribais e propensas a secas, incluindo:

- construção de reservatórios e sistemas de irrigação por elevação, especialmente nos rios Godavari e Krishna;

- criação de 97,46 lakh acres de ayacut e estabilização do ayacut existente de 22,53 lakh acres;

ii. Fornecimento de água potável a 2,11 milhões de pessoas no Estado, abrangendo 6310 aldeias em 425 Mandals, utilizando 65,14 TMC de água; e

iii. Geração de 2700 Megawatt (MW) de energia.

O programa incluía 86 projectos (44 grandes, 30 médios, 4 margens de inundação e 8 obras de modernização) e o seu custo foi estimado em 1,86 lakh crore. Entre 2004-05 e 2008-09, foram sancionados 74 projectos (custo aprovado: 1,83,470 milhões de euros). Doze destes projectos foram iniciados antes de 2004-05 (custo aprovado: 2 139 milhões de euros) e foram incluídos no Jalayagnam para acelerar a sua conclusão.

1.20 Organização do programa

A nível governamental, as políticas relacionadas com o Departamento de Irrigação e Desenvolvimento de Áreas de Comando (I & CAD), incluindo o programa Jalayagnam, são tratadas pelos Secretários Principais/Secretários (um para cada uma das três regiões do Estado), que são assistidos no desempenho das suas responsabilidades por Secretários Conjuntos. A execução dos projectos é da responsabilidade dos engenheiros-chefes (5), dos engenheiros-chefes (33), dos engenheiros superintendentes (88) (a nível dos círculos), dos engenheiros executivos (447) a nível das divisões e de outros funcionários a jusante. O organograma do Departamento I&CAD é apresentado de seguida.

Fig. 1.7 : ESTRUTURA ORGANIZATIVA DA JALAYAGNAM

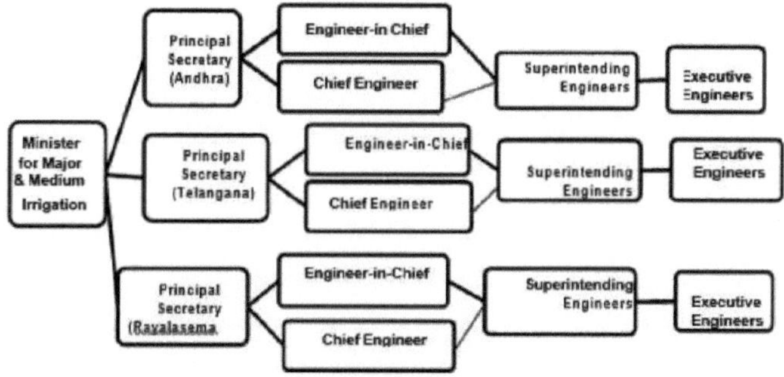

Fonte: Relatório do Controlador e Auditor Geral da Índia sobre Jalayagnam.

Governo de Andhra Pradesh, Relatório n.º 2 de 2012.

Jalayagnam, uma iniciativa de alta prioridade do Governo de Andhra Pradesh, tem uma área geográfica total *de* 2,75,045 quilómetros quadrados, dos quais 1,49,880 quilómetros quadrados são férteis e podem ser cultivados. O Estado dispõe de recursos hídricos adequados com 40 rios principais, médios e secundários que correm ao longo do seu comprimento e largura. Entre estes, três grandes rios interestatais, ou seja, Godavari, Krishna e Pennar, atravessam o coração do Estado. A precipitação média no Estado varia aproximadamente entre 1200 mm no distrito de Srikakulam e 650 mm nos distritos de Mahabubnagar e Anantapur. A disponibilidade de água de superfície no Estado é de cerca de 2769 TMC.

O potencial das águas subterrâneas está estimado em 1074 TMC. Atualmente, apenas 60% do potencial das águas superficiais e 40% do potencial das águas subterrâneas estão a ser utilizados. Além disso, mais de 4000 TMC de água de inundação estão a ser desperdiçados como escoamento para o mar.

Ao longo dos anos, 50% do volume de escoamento superficial tem sido maioritariamente proveniente do rio Godavari.

Andhra Pradesh é o primeiro Estado do país a:

- Instalar uma barragem de borracha (Projeto Jhanjhavathi, Vizianagaram).
- Túnel longo de 50 km (SLBC) utilizando uma máquina de perfuração de túneis importada.
- Regimes de irrigação de mega-elevação que implicam a elevação da água até *um* máximo de

altura de 500 metros (regimes Dr. B.R. Ambedkar Pranahitha - Chevella Sujala Sravanthi e J. Chokka Rao Devadula LI)

1.21 REINSTALAÇÃO E REABILITAÇÃO:

O Estado desenvolveu uma política abrangente de R&R (2005), que foi aclamada como superior à política nacional de R&R por todos os cientistas sociais. A nova política de R&R entrou em vigor em abril de 2005 e inclui a construção gratuita de casas, subsídios de alojamento para as PAP abaixo do limiar de pobreza, salários para os trabalhadores agrícolas e não agrícolas, subsídios de subsistência, etc. O Governo criou também um cargo especial de Comissário para a R&R, a fim de assegurar a concessão de benefícios de forma transparente e eficaz. Está a ser feito um acompanhamento eletrónico em linha da execução e da avaliação das prestações de R&R.

Necessidade de esquemas de irrigação por elevação em zonas de montanha propensas à seca nas regiões de Telangana e Rayalaseema:

O rio Godavari corre a altitudes mais baixas, ou seja, cerca de 80 m acima do nível do mar, e as terras cultiváveis situam-se, na sua maioria, entre 200 e 400 m acima do nível do mar. Da mesma forma, na bacia do rio Krishna também existem áreas cultiváveis de terras altas. A fim de facilitar a irrigação destas zonas de montanha, propõe-se a elevação da água para a irrigação destas zonas propensas à seca nas regiões de Telangana e Rayalaseema.

De entre os 86 projectos desenvolvidos no âmbito de Jalayagnam, são propostos 31 regimes de irrigação por elevação, sempre que não seja possível comandar a área por gravidade, para beneficiar as zonas atrasadas e afectadas pela seca no Estado e fornecer um potencial de irrigação de 62,83 hectares (novos), para além da estabilização de 2,19 hectares.

Gráfico-1.2 : SANÇÃO ADMINISTRATIVA

Principais regimes de irrigação por elevação no âmbito de Jalayagnam.

- Anantha Venkat Reddy Handri Neeva Sujala Sravanthi
- Indira Sagar - Projeto Polavaram
- Mahatma Gandhi Kalwakurthy LIS
- Rajiv Bheema EUA
- Jawahar (Nettampadu) LIS
- Mahatma Jyoti Rao Phule Dummugudem N.S. Tailpond Link Canal
- **Regime J Chokka Rao Devadula LI**
- Dr. B.R. Ambedkar Pranahita Chevella Sujala Sravanthi
- Projeto Alimineti Madhav Reddy
- **Sistema de irrigação por elevação de Alisagar**
- Regime Argula Raja Ram Guptha LI
- Sistema de irrigação por elevação de Thota Venkatachalam Pushkara

LISTA DOS 12 PROJECTOS CONCLUÍDOS NO ÂMBITO DO PROGRAMA JALAYAGNAM

SI. Não.	**Projectos**	**Sanção administrativa (em milhares de euros) ?**	**PI criados (Acres) (200405 a 2011-121 até 10**	
			Novo IP	**Estabilização**
1	**Chagalnadu LIS**	70.77	22846	0
2	Reservatório de Peddagedda	73.19	7500	4500
3	Reservatório de K.V. Ramakrishna Surampalem	51.38	14207	0
4	Madduvalasa Fase 1	132.17	15000	9700
5	Tenneti Viswanadham Reservatório de Pedderu	38.41	9601	9721
6	Projeto Kovvadakalva	68.10	15000	0
7	Sri Magunta Subbarami Reddy Ramatheertham BR	43.00	0	72874
8	Barragem de Swarnamukhi	52.4	9100	0

9	**Projeto Veligallu**	208.72	24000	0
10	**Alisagar LIS**	261.30	0	53792
11	Rúcula Rajaram - Guptha LIS	204.00	0	38792
12	Projeto Gaddena - Suddavagu	186.68	14000	0
	TOTAL GERAL	**1389.76**	**131254**	**189379**

1.22 CHAGALNADU LIFT IRRIGATION SCHEME - Distrito de East Godavari - Região de Andhra - de Andhra Pradesh, Índia

O projeto eleva a água do rio Godavari perto de Kateru (V),' Rajamundry Rural (M), distrito de East Godavari, a uma altura de 47,36 M, e criou um novo IP de 22 846 acres no distrito de East Godavari, utilizando devidamente 2,85 TMC de água. O projeto foi executado a um custo de 80,06 milhões de euros. A potência necessária é de 12,00 MW e o projeto foi concluído em 2007-08.

Barragem Sir Arthur Cotton construída em 4 braços sobre o Godavari, substituindo o anicut original. Por ter ultrapassado a descarga máxima da ordem dos 98917 cumecs (34,93,750 cusecs). A barragem é constituída por 175 aberturas para a passagem das águas das cheias e 3 comportas de cabeça para o abastecimento de água para irrigação. Existem 3 aterros intermédios no alinhamento da barragem e o comprimento total, incluindo as ilhas, é de 5,837 km. Os três deltas recebem fasli, ou seja, khariff e rabi.

Fig.1.8 : IRRIGAÇÃO POR ELEVAÇÃO EM CHAGALNADU

O atual ayacut do sistema do delta do Godavari é de 10,13,161 acres, distribuídos por

3 deltas nos distritos de East Godavari e West Godavari.

O plano de irrigação de Chagalnadu Lift prevê a bombagem de água do rio Godavari em duas fases, envolvendo uma elevação total de 47,36 M, e está localizado perto da aldeia de Katheru, a cerca de 5 km da cidade de Rajahmunclry, no distrito de East Godavari. Trata-se de um importante projeto de irrigação que beneficia 35

000 acres durante a estação Kharif, com uma utilização de 2,845 TMC em 35 aldeias da zona de Chagalanadu dos mandatos de Rajahmundry, Korukonda, Rajanagaram, Rangampeta, Anaparthi, Mandapeta e Biccavolu. Para além disso, o projeto prevê o fornecimento de água potável a 35 aldeias do percurso. O ayacut já está abrangido pelo proposto canal principal esquerdo de Polavaram e o presente projeto é proposto para obter benefícios antecipados.

Map – 1.3

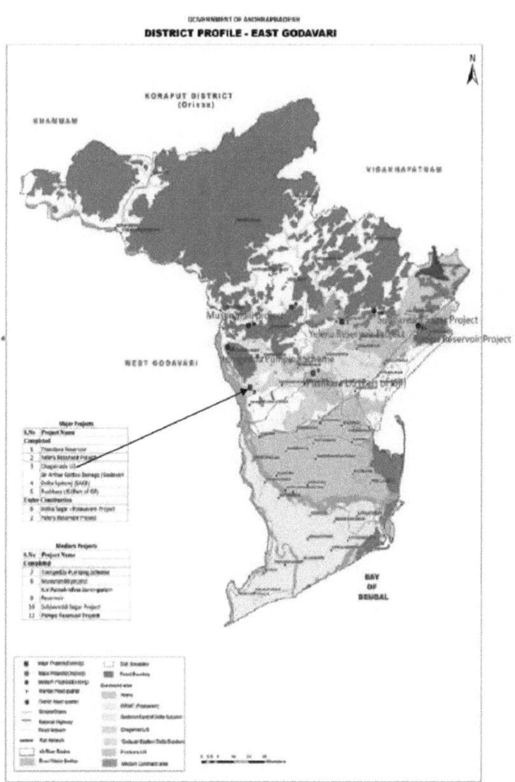

1.23 Projeto do reservatório de Veligallu -

Distrito de Kadapa - Região de Rayalaseema - Andhra Pradesh, Índia

O projeto está localizado no rio Papagni, perto de Veligallu (V), Galiveedu (M), no distrito de Kadapa, na sub-bacia de Pennar, e criou uma nova área protegida de 24 000 acres no distrito de Kadapa, utilizando 1,64 TMC de água, com uma despesa de 191,37 milhões de euros. O projeto foi concluído durante o período 2006-07.

Na região de Rayalaseema de Andhra Pradesh, na Índia, o projeto Veligallu, o sonho há muito acalentado pela população de Galiveedu, Lakkireddypalle e Ramapuram mandals, as zonas mais propensas à seca no distrito de Kadapa, está prestes a tornar-se realidade em 22 de dezembro.

O Ministro-Chefe Y.S. Rajasekhara Reddy, que deu uma forma definitiva ao projeto e assegurou a sua conclusão como parte de Jalayagnam, dedicá-lo-á à população. Serão irrigados cerca de 24 000 hectares em 18 aldeias dos mandatos de Galiveedu, Lakkireddypalle e Ramapuram e a população dessas aldeias obterá água potável.

Há quatro décadas, quando a região estava a sofrer uma grave seca, com uma precipitação inferior a 500 mm, contra uma precipitação média de 760 mm, um jovem político de Lakkireddypalle pensou num plano para resolver o problema - construir uma barragem no rio Papagni, um afluente do rio Penna, a dois quilómetros da aldeia de Veligallu, em Galiveddu mandal

R Rajagopal Reddy, engenheiro civil de profissão, que foi eleito para a Assembleia em 1967, apresentou a proposta ao Governo.

Fig.1.9 : RESERVATÓRIO VELiGALLU

Map – 1.4

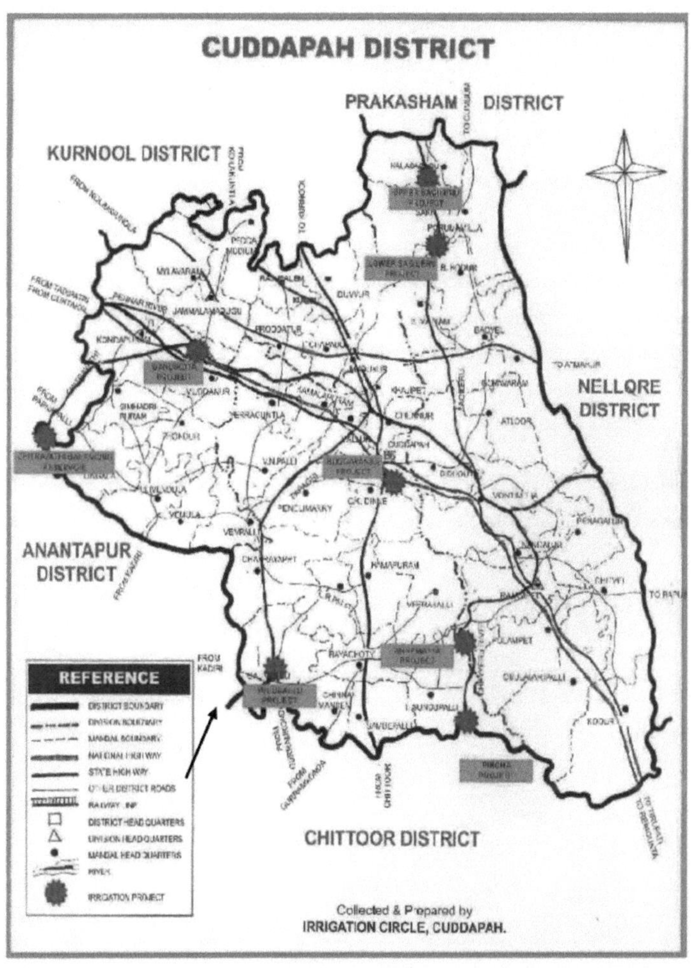

Apesar de ter sido efectuado um inquérito, a proposta foi relegada para segundo plano. Passados 15 anos, quando Rajagopal Reddy se tornou ministro, voltou a apresentar a proposta, mas sem sucesso. Após uma longa luta, finalmente, em 29 de novembro de 1995, o então Ministro-Chefe N Chandrababu Naidu lançou a primeira pedra do projeto e foi concedida uma sanção administrativa de 129,65 milhões de rupias. Dado que a capacidade do projeto era de 4,64 TMC, foi apresentado à Comissão Central da Água (CWC) para autorização.

Salientando a existência de três projectos - reservatórios de Kandukur, Chennarayagudi e Pedaballi a montante do rio Papagni e dois projectos - Peddatippa Samudram. O projeto Pedderu em Pedderu, um afluente do rio Papagni, foi suspenso pela CWC. Depois de muitas discussões, finalmente deu sinal verde ao projeto em 2000. Desde então, foi gasto um montante de 7,18 milhões de rupias até março de 2004.

1.24 REGIME DE IRRIGAÇÃO DE ALISAGAR LIFT: Distrito de Nizamabad - Região de Telangana - Andhra Pradesh, Índia

O projeto está localizado na margem do reservatório SRSP perto de Kosli (V), Navipet (M), distrito de Nizamabad e l.P. foi criado 53792 Acs. (stab) no distrito de Nizamabad, através da elevação de 2,85 TMC de água com uma despesa de .257,65 Crs. O projeto foi concluído em 2006-2007.

Sistema de irrigação por elevação de Alisagar - Nizamabad - Região de Telangana, Andhra Pradesh

História

No ano de 1931, o reservatório ou lago de Alisagar foi construído por ordem do Nizam de Hyderabad. Mais tarde, em 1985, o parque dos veados foi criado com o objetivo de oferecer um refúgio seguro a várias espécies de veados. Foi criado um habitat natural para os veados, que se pode observar nesta região com uma vegetação densa.

O projeto

O projeto de irrigação de elevação de Alisagar é um projeto de irrigação de elevação localizado no distrito de Nizamabad, em Telangana, Índia. O canal de elevação tem origem nas águas residuais da barragem de Pochampadu.

Fig. 1.10 : IRRIGAÇÃO POR ELEVAÇÃO EM ALISAGAR

O projeto de irrigação Alisagar Lift destina-se a estabilizar o hiato de 53 793 acres do distribuidor 50 ao 73 do projeto Nizamsagar. A água da margem anterior do projeto Sriram Sagar, em Kosli (aldeia), será elevada em três fases para alimentar o reservatório de equilíbrio de Alisagar, entre a milha 54 e a milha 56, no canal principal do projeto Nizamsagar.

Na primeira fase, propõe-se que 720 cusecs de água do rio Godavari sejam captados em Kosli (V) Navipet (Mandal), distrito de Nizamabad, e que sejam lançados na cisterna de Bharath Tanda. A partir daí, propõe-se que a água seja descarregada no tanque de Thadbiloli por um canal de gravidade.

Na segunda fase, propõe-se que a água seja captada da margem anterior do tanque de Thadbiloli e lançada numa cisterna em Kalyanpur Gutta. Propõe-se que a água seja transportada por um canal gravitacional chamado Link Canal para o distribuidor nº 50 para irrigar 9.302 hectares e outro a um nível mais elevado para irrigar 10.052 hectares no âmbito do SD 50/2 e que a água restante, 455 ccusexs, seja lançada no tanque de Pocharam por um canal gravitacional.

Na terceira fase, propõe-se que a água seja captada do tanque de Pocharam e depositada numa cisterna perto de Alisagar gutta, sendo assim transportada por um canal gravitacional e depositada no D/s das comportas de Alisagar no quilómetro 56 e também no reservatório de equilíbrio de Alisagar, a partir do qual a água será transportada através dos distribuidores 50 a 73 do projeto Nizamsagar para estabilizar o yacut.

Map – 1.5

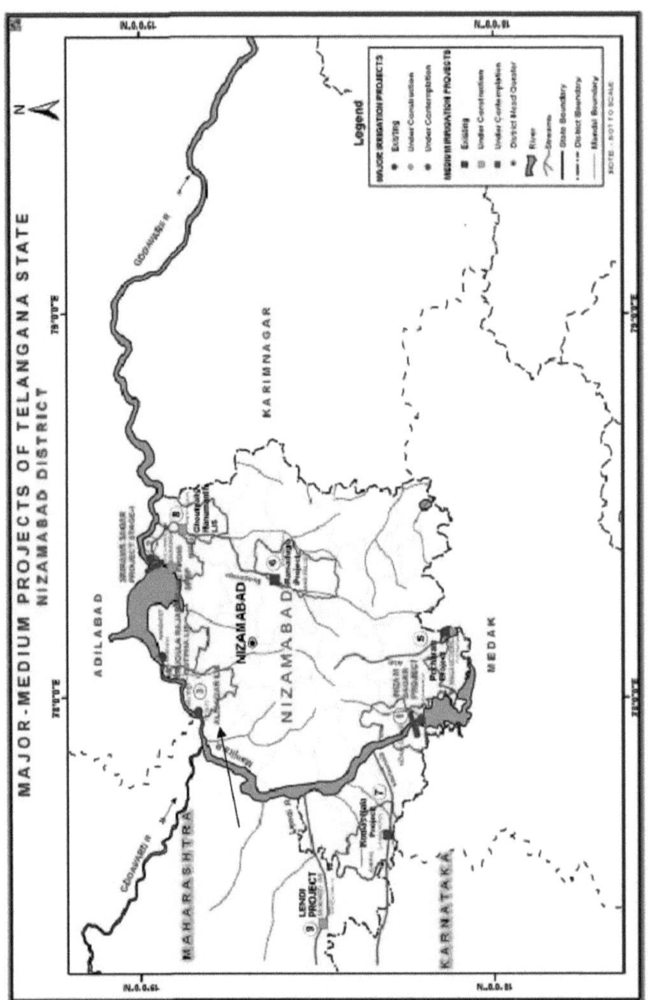

A atribuição do número de projectos, do número de pacotes, da sanção administrativa, do desenvolvimento de ayacut proposto, etc., é maior na região de Telangana, seguida de Andhra e Rayalaseema.

	Andhra	Rayalaseema	Telangana
Número de projectos	22	11	26
Número de embalagens	52	35	71

Sanção administrativa	28%	13%	59%
Desenvolvimento proposto para Ayacut (em hectares)	36,37,719	17,60,500	29,13,388
Devido a Jalayagnam aumentou Ayacut	15.000 (Acres)	24,000	53,793
Devido aos beneficiários Jalayagnam registados	58,292	72,000	2,15,892
Devido à criação de emprego em Jalayagnam	3,000	12,000	26,896

Fonte : jalayagnam em Andhra Pradesh, Índia, www.j alayagnam.com.

Irrigation and CAD Department, Govt. of Andhra Pradesh, Hyderabad.

A dimensão da amostra é diferente nas três regiões em estudo pelas seguintes razões

Razões técnicas

- A atribuição diferenciada de projectos por região,
- Os pacotes de afetação diferencial por Região,
- A sanção administrativa diferenciada da obra,
- Beneficiários registados pelos Mandal Officers,

Razões sócio-psicológicas

- Como normalmente se enfrentam dificuldades na obtenção/avaliação de informações sobre os programas governamentais, o mesmo acontece com os aspectos económicos como o trabalho e o salário, etc.

Os beneficiários que colaboraram distraíram-se com os que não colaboraram e sentiram que perdiam benefícios se fossem denunciados e registados.

Nome do projeto	**Aumento Ayacut**	**Beneficiário**	**Mandatos dos beneficiários**
Chagalnadu LIS	15.000 Acres	58,292	Korukonda, Rajanagaram, Rangampet, Bikkavolu
Veligallu RESERVATÓRIO	24.000 hectares	72,000	Galiveedu, Lakkireddypalli, Ramapuram, Rayachoty
Alisagar LIS	53.793 Acres	2,15,892	Navipet, Rengal, Yedapaly, Nizamabad, Dichpally, Makloor

Fonte: Registos do Engenheiro Conjunto de Irrigação e Registos do Gabinete de Agricultura Mandal-2005.

1.25 CONCLUSÃO

A atual crise da água é o resultado das políticas limitadas seguidas pelo governo e pelos burocratas. Não há dúvida de que a água será um bem precioso que proporcionará um crescimento sustentável da agricultura, água potável e saneamento, direitos claros e aplicáveis dos utilizadores da água, juntamente com a racionalização descentralizada da distribuição e a orientação dos subsídios à água, que constituem a solução mais eficiente e sustentável, ajudando o governo a passar de prestador de serviços a facilitador para satisfazer o nível desejado de serviços numa base sustentável e equitativa. Assim, a Década Internacional de Ação" Água para a Vida adoptou como objetivo a redução para metade do número de pessoas sem acesso a água potável. Os países em desenvolvimento devem introduzir o capital privado para assumir uma melhor gestão da distribuição de água.

1.26 Importância do presente estudo

Embora a água seja um recurso renovável, a sua disponibilidade em qualidade e quantidade adequadas está sob forte pressão devido à crescente procura por parte de vários sectores. A agricultura é o maior utilizador de água.

A água é um recurso renovável, cuja disponibilidade em qualidade e quantidade adequadas, que consome mais de 80 por cento dos recursos hídricos exploráveis do país, está sob forte pressão devido à procura crescente de vários sectores. **A comunidade agrícola é o maior utilizador de água.** O desenvolvimento global do sector agrícola e a taxa de crescimento pretendida do PIB dependem em grande medida da utilização judiciosa dos recursos hídricos disponíveis.

O Andhra Pradesh tem um património de agricultura de regadio que remonta a vários séculos. Cerca de 40% da superfície cultivada bruta do Estado é irrigada, e a contribuição da irrigação para a produção agrícola do Estado é de cerca de 60%. Foi nas zonas irrigadas que se registou a maior parte do crescimento agrícola. A reabilitação e o desenvolvimento sustentado das infra-estruturas de irrigação e a sua expansão nas regiões atrasadas e propensas à seca do Estado são, por conseguinte, de importância primordial para o Andhra Pradesh.

A irrigação adicional resultou em:.

- A **redução da pobreza nas zonas de montanha e nas zonas desfavorecidas,**
- proporcionando um **rendimento** sustentável **aos agricultores,**
- aumento do **emprego assalariado,**
- disponibilidade de água para consumo humano e animal, e actividades industriais.

O país tem de aumentar o investimento na irrigação e na agricultura, e tem de encontrar recursos para investimentos.

Por conseguinte, o Governo de Andhra Pradesh atribuiu a máxima prioridade à conclusão dos projectos de irrigação em curso.

1.27 QUADRO CONCEPTUAL

Um quadro concetual ou um modelo é constituído por conceitos, que são as imagens mentais do fenómeno.

Oferece um quadro de pré-posições para a realização da investigação. Estes conceitos estão ligados entre si para exprimir a relação entre eles. Um modelo é uma representação simbólica dos conceitos.

Este estudo foi concebido para avaliar o impacto das instalações de irrigação fornecidas pelo Governo de Andhra Pradesh através do regime de irrigação de Jalayagnam.

Fig.1.11: CONCEPTUAL MODEL - JALAYAGNAM

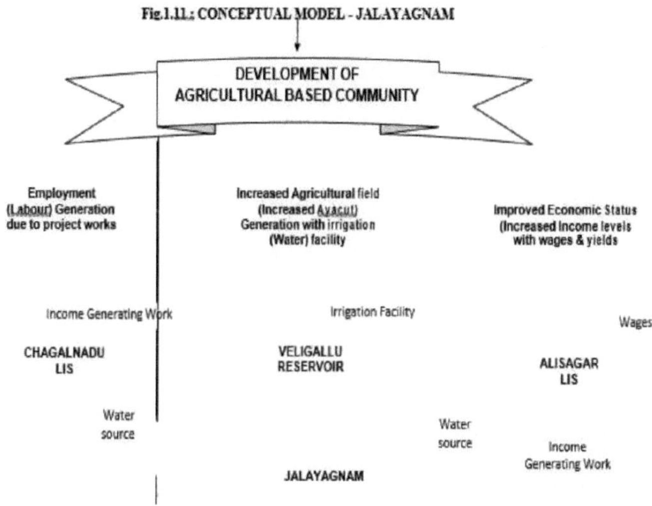

REFERÊNCIAS

1. Adhikari, R.N., Singh, A.K., Math, S.K.N., Mishra, P.K., e Reddy, K.K. (2008), "Response of Water Harvesting Structures on Groundwater Recharge Process in Red soil of Semi Arid Region of Andhra Pradesh," Journal of Indian Water Resources Society ,Vol.28, No:2, Pp.1-5.

2. Ahaneku, I.E. (2010), "Conservation of Soil and Water Resources of Combating Food Crisis in Nigeria", Scientific Research and Essays, Vol. 5(6), Pp. 507-513.

3. Ahmad Asgari, Farid Ejlali, Fakhroddin Ghassemi-Sahebi e Iman Pourkhiz, "Assessment of Emitter Clogging by Chemical Component on Water Application Uniformity in Drip Irrigation", International Research Journal of Applied and Basic Sciences, Vol., 3 (9), 2012, pp.1813-1817.

4. Aniket H. Hade, e Dr. M.K. Sengupta, "Controlo automático do sistema de irrigação por gotejamento e monitorização do solo sem fios",. IOSR Journal of Agriculture and Veterinary Science, Vol. 7, Issue 4, abril de 2014, pp. 57-61.

5. Balaji Kannan, R. (2001), "Modelling Groundwater Usage - Recharge Balance for Farm Level Expert System Development," Mittal Publications, New Delhi.

6. Bao-Zhong Yuan, Yaohu Kang, and Soichi Nishiyama, "Drip irrigation scheduling for tomatoes in unheated greenhouses", Irrigation Science, Volume 20, Issue 3, July 2001, pp 149-154.

7. Chaturvedi, M.C. (1987), "Water Resources Systems Planning and Management" Tata McGraw-Hill Publishing Company Limited, New Delhi.

8. Chennakesavulu e Hemkumar, "A Case Study On Performance Of Drip Irrigation System In Selected Mandlas of Guntur District, Andhra Pradesh", International Journal of Food, Agriculture and Veterinary Sciences, Vol. 4 No.1, January-April, 2014 pp.133-135.

9. Chiranjeevulu, P. (2006), "Inter-Linking of Rivers in India - Technical, Economic and Social Aspects: An Analysis", Southern Economist, 15 de agosto, p. 24-26.

10. Dhawan, B. D. (2002), *Technological Change in Indian Irrigated Agriculture: A Study of Water Saving Methods,* Commonwealth Publishers, New Delhi.

11. Dirgha Tiwari, Dinar. A, (2002) "Balancing Future Food Demand and Water Supply the Role of Economic Incentives in Irrigated Agriculture", Quarterly Journal of International Agriculture, Vol: 41, No:1 and 2 , Pp. 77-97.

12. Elham Amin, "An Investigation into Factors Affecting the Adopting of Drip Irrigation System in the Plum Gardens between 2002 and 2012 (Case Study)" Indian Journal of Fundamental and Applied Life Sciences, 2014 Vol. 4 (2) abril-junho, pp. 660-666.

13. Gaurang Prajapati, Prof. R. B. Khasiya e Dr. P. G. Agnihotri, "A Comparative Studies Between Drip Irrigation and Furrow Irrigation for Sugarcane and Banana in a Region Navsari", Global Research Analysis, Vol.2, No.4, October 2013, pp.141-144.

14. Ghani, M.A. Bhuiyan, S.I. e Hill.R.W. (1991), "A Model to Evaluate Intensive with Extensive Irrigation Practices for Irrigated Rice Production System in Bangladesh", Agricultural Water Management, Vol: 20, Pp. 233244.

15. Guilmato, C.Z (2002) "Irrigation and the Great Indian Rural Database: Vignettes from South India", Economic and Political weekly, Vol:37, No:13, Pp: 1223-1228.

16. Himanshu S.K., Kumar S., Kumar D. e Mokhtar A., "Effects of Lateral Spacing and Irrigation Scheduling on Drip Irrigated Cabbage (Brassica Oleracea) in a Semi Arid Region of India" Research Journal of Engineering Sciences Vol. 1(5), 1-6, November (2012).

17. INCID, (1994), *Drip Irrigation in India,* Comité Nacional Indiano de Irrigação e Drenagem, Nova Deli.

18. Jitarwal R. C. and N. K. Sharam, Impact of Drip Irrigation Technology among Farmers in Jaipur Region of Rajasthan" Indian Research Journal of Extension Education, Vol.2 , No.3, May- September 2007, pp.88-89.

19. Kalyan Ganguly e Baldero Singh (2000) "Participatory irrigation management in India", Agricultural Extension Review, Voi: 12, Pp. 8-13.

20. Kamran Bukhsh Soomro, JavaidAkhtar Rind, Abdul AhadKolachi, Fateh Khan Nizamani e Abdul Fatah Soomro, "Avaliar o desempenho da irrigação por gotejamento e descarga de emissores na área costeira de

GadapSindh", Global Advanced Research Joujnal of Engineering, Technology and Innovation, Vol. 2 (9), outubro, 2013, pp. 259-275.

21. Kang,Y., Bao-Zhong Yuan, e Soichi Nishiyama, "Design of microirrigation laterals at minimum cost", Irrigation Science, Volume 18, Número 3, janeiro de 1999, pp 125-133.

22. Khepar S, D., A. K. Yadav, S. K. Sondhi, M. Siag, "Water balance model for paddy fields under intermittent irrigation practices", Irrigation Science, Volume 19, Issue 4, setembro de 2000, pp 199-208.

23. Mahendra S. e M.Lakshmana Bharathy, "Microcontroller Based Automation of Drip Irrigation System", *International Journal of Science & Technology,* Vol. 2, No.2, janeiro de 2013, pp.12-18.

24. Mamta Mehra, Devesh Sharma e Prachi Kathuria, "Groundwater use dynamics: Analyzing performance of Micro-irrigation system - A case study of Mewat district, Haryana, India", International Journal of Environmental Sciences Vol. 3, No. 1, 2012, pp,471-480.

25. Mathew, A.C. (2004), "Irrigation Using Surface Water In Conjunction With GroundWater", Kisan World, Vol.31, No.9, pp.48-49.

26. Michael A. Battam, Bruce G. Sutton, and David G. Boughton, "Soil pits as a simple design aid for subsurface drip irrigation systems", Irrigation Science, Vol. 22, Issue 3-4, November 2003, pp. 135-141.

27. Montero Martinez J., R. S. Martinez, and J. M. Tarjuelo Martin-Benito, "Analysis of water application cost with permanent set sprinkler irrigation systems" *Irrigation Science,* Volume 23, Issue 3, December 2004, pp 103110.

28. NABARD (1989), *An Ex-Post Evaluation of Sprinkler Irrigation Schemes in Barmer District of Rajasthan,* Evaluation Study Series Jaipur No. 7, National Bank for Agriculture and Rural Development, Regional Office, Jaipur, abril.

29. Nagaraj, N. e Chandrakanth, M.G. (1995), "Low Yielding Irrigation Wells in Peninsular India: An Economic Analysis", Indian Journal of Agricultural Economics, Vol.50, No.1, Pp.47-58.

30. Namara R. E., Nagar R. K. e B. Upadhyay "Economics, adoption determinants, and impacts of micro-irrigation technologies: empirical results from India", *Irrigation Science,* Vol.25, Springer-g January,2007 pp.283-297.

31. Narayanamoorthy A., "Can Drip Method of Irrigation be Used to Achieve the Macro Objectives of Conservation Agriculture" Indian Journal of Agriculture Economy, Vol. 65, No. 3, July-Sept. 2010, pp.458-436.

32. Nazmeen Tamboli, Pragati Tate e Abhilasha Lokhande, "Remote Drip Irrigation Control Using Internet", International Journal of Advanced Research in Computer Science and Software Engineering, Vol. 3. No 12, December 2013, pp.908-909.

33. Palanisami K, Kadiri Mohan, K R Kakumanu, S Raman, Spread and Economics of Micro-irrigation in India: Evidence from Nine States, Economic and Political Weekly June 25, 2011 Vol. XLVI, Nos 26 &27,

pp.81-86.

34. Palanisami, K. Ramasamy, C. and Cheiko Umetsu (2008), Groundwater Management Policies", Macmillan India Limited, New Delhi.

35. Paramasivan, G. e Karthravan, D. (2010) "Effects of Giobalization on Water Resources in India", Kurukshetra, Vol: 58, No: 7, p. 16.

36. Patel Neelam, Rajput, T. B. S. e Mukesh Kumar "Programação da fertirrigação no tomate com base na hidráulica e nos nutrientes sob fonte pontual de aplicação de água", Asian Journal of Science and Technology Vol. 6, No. 02, pp. fevereiro, 2015, 1141-1145.

37. Paul Polak, Bob Nanes, e Deepak Adhikari, "A Low Cost Drip Irrigation System for Small Farmers In Developing Countries", Journal of the American Water Resources Association, Vol. 33, No. 1, fevereiro de 1997, pp.119-124.

38. Pritee Awasthy, Bhumika Patel, Pooja Sahu, Mridubhashini Patanwar e *Parmeshwar Ku. Sahu, "Potentials Of Micro Irrigation In India; An Overview", International Journal of Agricultural and Food Science, Vol.4, No.4, 2014pp. 116-118.

39. Raja Murali,S. (2008), "Micro Irrigation Systems in Andhra Pradesh: A study", Southern Economist, Vol: 47, No :16, p.32.

40. Rajput T.B.S. and Neelam Patel, Micro Irrigation In India - Present Status And Future Scope" India Water Week 2012-Water, Energy and Food Security : Call for Solutions, 10-14 April 2012, New Delhi.

41. Rangeley, W.R. (edt), (1989), "Influence of Design on Irrigation Management". J. R. Rydzewski e C. F. Ward, Irrigation Theory and Practice, Pentech Press, Londres.

42. Rao, K.L. (1975), "India's Water Wealth, Nova Deli: Orient Longman", Nova Deli,

43. Sachin S Patil, P T Nimbalkar, Abhijit Joshi 455 "Hydraulic Study, D esign & Analysis of Different Geometries of Drip Irrigation Emitter Labyrinth", International Journal of Engineering and Advanced Technology, Vol.2, No.5, June 2013, pp.455-462.

44. Saleth, R. Maria (1996), "Water Institutions in India: Economics, Law and Policy", Commonwealth Publishers, New Delhi.

45. Shamiyalla, N. Ramu e Jayashree, P. (2010), "Irrigation system in the context of PIM in India", Southern Economist, Vol.49, No.1, Pp.37-47.

46. Shashidhara K. K., Bheemappa, A. Hirevenkanagoudar L. V. e K.C. Shashidhar, "Benefits and Constraints in Adoption of Drip Irrigation among the Plantation Crop Growers", Karnataka Journal of Agricultural Science, Vol.20, No.1, 2007 pp.82-84.

47. Singh Rajbir, Satyendra Kumar, D. D. Nangare e M. S. Meena, "Drip irrigation and black polyethylene mulch influence on growth, yield and water- use efficiency of tomato", African Journal of Agricultural Research Vol.4 (12) December, 2009, pp. 1427-1430.

48. Siva Ram, P. (2007), "Government Initiatives in Rural Water Supply: Programmes, Reforms and Bharat Nirman", Kurukshetra, Pp.25.

49. Sukhjit Singh Er. e Neha Sharma Er. "Research Paper on Drip Irrigation Management using wireless sensors", International Journal of Scientific & Engineering Research Vol.3, No.9, September, 2012.

50. Suresh Kumar D. e K. Palanisamib, "Impact of Drip Irrigation on Farming System: Evidence from Southern India", Agricultural Economics Research Review Vol. 23 julho-dezembro de 2010, pp.265-272.

51. Tapan Adhikari, Hati, K.M e Debashis Chakraborty, (2006), "WatershedProspects and Promises", Indian Institute of Soil Science, Nabibagh, Berasia Road, Bhopal.

52. Tarique, M.D. (2007), "Water crisis in India", Environmental Economic and Development", Nova Deli.

53. Tata Energy Research Institute (TERl), edt., (1998), "Looking Back to Think Ahead: Green India 2047", Nova Deli, TERl.

54. Thompson R.B., M. Gallardo, T. Aguera , L.C. Valdez and M.D. Fernandez, "Evaluation of the Watermark sensor for use with drip irrigated vegetable crops", Irrigation Science, Volume 24, Issue 3, March 2006, pp 185-202.

55. Xianyue Li, Haibin Shi, Jiri Simunek, Xuewen Gong, e Zunyuan Peng, "Modelagem da dinâmica da água do solo em um campo de cultivo irrigado por gotejamento sob cobertura plástica", Irrigation Science, julho de 2015, Vol.33, No.4, pp. 289302.

56. Anil Punetha e K Yella Reddy, "APMIP - The First And Largest Comprehensive Micro Irrigation Project In India", documento apresentado no 7th International Micro Irrigation Congress.

57. APJ Abdul Kalam, Dr. Artigo sobre a missão integrada da água, Yojana, janeiro de 2005. Bhavanilal H. Jain. Livro "Green Revolution" lessen, Presidente do sistema de irrigação Jain, 1 limitado .hiigaol.

58. Biswas, A.K. 1998. Water Resources-Environmental Planning, Management and development. *Pub: Tata McGraw-Hill Publishing Company Limited,* Nova Deli. Community Development challenges Report' Produzido pela Community Development Foundation for Communities and Local Government.

59. Dalibot, B., 1973. O Sol ao serviço da humanidade. Actas do congresso internacional Photovoltaic Power and its Application in Space and on Earth, realizado em Paris; 565.

60. Datt e Sundram KPM, Indian Economy 5e Edition, 2006.

61. Desai Vasent, 19990: "A Study of Rural Economics", Himalaya Publishing House, Bombaim.

62. *Environment and Development Economics,* Cambridge: 'Costs of Resource Depletion Externalities: A Study of Groundwater Over exploitation in Andhra Pradesh, India", Vol.10, Parte IV. agosto, (2005).

63. GoAP (2000); 'Water Conservation Mission: Information and Guidelines", Governo de Andhra Pradesh. Hyderabad. GoAP 'Jalayagnam'. apresentação pelo Secretário Principal do Governo de AP, Departamento de Irrigação e CAD. 7 de fevereiro de 2006.

64. Gol (1976): "Relatório da Comissão de Agricultura". Departamento da Agricultura. Governo da Índia, Nova Deli.

65. Haripal Kataria, D. P., R. K. Jhovar e M. S. Sidhupuria, 1999. Avaliação do desempenho do sistema de irrigação por micro-jato a baixas pressões. Actas do Seminário de toda a Índia sobre perspectivas e potencialidades da micro-irrigação na Índia, Hyderabad: 54 - 58. " DefinitionofCD". Community Development Exchange

http://www.cdx.org.uk/community-developmentwhat-community-development. Recuperado em 2010-06-08.

66. James, L. D e R. R. Lee (1971). Economics of water resources planning. McGraw Hill, Bombaim-Nova Deli, Índia. 20 pp

67. KUM Reddy, um artigo sobre fontes de irrigação da água Jalayaganam Yojana, janeiro de 2008.

68. Lidorenko, N. S e B. V. Tamizhevaki, 1973. O sol ao serviço da humanidade. Actas do Photovoltaic Power and its Application in Space and on Earth. Congresso Internacional realizado em Paris: 533 - 545.

69. Narayanamurthy, A (2003): "Economics of Drip Irrigation: A Study of Maharashtra", documento apresentado no Seminário Nacional sobre a Água, Centro de Estudos Económicos e Sociais, Hyderabad. 29-30 de julho.

70. NeeTi, Samakhya (2003): *Let the Waters Flow: A Backgrounder/or Citizens on Water Issues in Andhra Pradesh,* Manchi Pusthakam, WASSAN. Secunderabad.

71. Pope, M. D., 1978. Projeto de testes de campo e aplicações de energia solar fotovoltaica. Actas das reuniões de revisão semestrais. Golden, Colarado : 165

72. Relatórios de encontros de imprensa, Eenadu, jornal diário, fevereiro de 2008.

73. Radhakanthi Bharathi um artigo sobre a interligação dos rios. Yojana janeiro de 2007.

74. Rao, T Hanumantha (2003): "Multipurpose Utilisation of Godavary River and the Relevance of Interlinking of Rivers", documento apresentado no Seminário Nacional sobre a Água. Centro de Estudos Económicos e Sociais, Hyderabad, 30-31 de julho.

75. Recordo Petralla, "Poverty, Water and Globalisation" 'Yojana janeiro de 2007.

76. Reddy Jayachandra K., "Andhra Pradesh Micro Irrigation Project (ARMIP)- A boon for the economic empowerment of agriculturists-success stories of Chittoor district", International Journal of Commerce and Business Management, Vol. 3 lss.2, October, 2010, pp. 177-182.

77. Reddy K Y, e K.N. Tiwari.(2006). Seleção económica do tamanho do tubo com base no caudal ótimo para o sistema *de irrigação por gotejamento* Engenharia Agrícola

Journal.15 (2-3): 109-121.

78. Reddy, V Ratna (2003): "Irrigation Development and Reforms", *Economic and Political Weekly,* Vol. 38, No 12. 22 de março.

79. Reddy, V Ratna, P Prudhvikar Reddy e M Srinivasa Reddy (2005): 'Water Use Efficiency: A Study of System of Rice Intensification (SRI) Adoption in Andhra Pradesh", *Indian Journal of Agricultural Economics,* Vol. 60, No.3, julho-setembro, 2005.

80. Reddy. V Ratna e I' Prudhvikar Reddy (2005): "How Participatory Is Participatory Irrigation Management: A Study of Water User Associations in Andhra Pradesh", *Economic and Political Weekly,* Vol XL. No 53, Dezembro31

81. Reddy. V Ratna, Y V Malla Reddy, John Soussan e Dirk Frans (2004): 'Water and Poverty; A Case of Watersh Development in Andhra Pradesh', *Water Nepal,* Vol.11, No.1, agosto de 2003-janeiro de 2004.

82. Sreenivasam, S., 1993: Rural Development Programme Mid 1980's. Orçamento do Estado de A.P., 2008.

CAPÍTULO - II

REVISÃO DA LITERATURA

Como passo preliminar, foi efectuada uma revisão da literatura para verificar quais das questões de investigação já tinham sido respondidas por outros, para encontrar lacunas na investigação e gerar hipóteses de investigação para o presente estudo, para melhorar a conceção da investigação com base nas experiências de outros investigadores e para interpretar os resultados do presente estudo em comparação com estudos semelhantes realizados anteriormente. Tentamos fazer uma breve revisão dos estudos relacionados com o presente estudo.

A revisão da literatura é muito importante não só para compreender a natureza e o âmbito do problema, mas também para identificar as lacunas existentes, caso existam, no trabalho já efectuado por vários investigadores anteriores. Neste capítulo, apresenta-se uma panorâmica da revisão da literatura pertinente para o presente problema. A revisão da literatura relacionada é um pré-requisito para o planeamento e a realização de um novo estudo. Dá ao investigador uma visão e uma compreensão mais profundas do problema e permite-lhe aumentar os seus conhecimentos através de novos estudos e da análise do que já se sabe sobre o problema. O investigador familiariza-se com as várias tendências e fases da investigação no domínio em causa e formula um raciocínio para o desenvolvimento do estudo a realizar.

Com vista a desenvolver uma visão do problema, o investigador estudou a literatura relacionada disponível no domínio do problema. A revisão da literatura é uma revisão ampla, abrangente, profunda, sistemática e crítica de publicações académicas, materiais impressos académicos não publicados, materiais audiovisuais e comunicações pessoais. A revisão da literatura é um passo importante no desenvolvimento do projeto de investigação. Ajuda o investigador a desenvolver uma visão mais profunda de um problema e a obter informações relevantes, direta ou indiretamente, para o presente estudo.

A revisão da literatura ajuda-nos a obter informações sobre o que foi feito anteriormente, que metodologia foi utilizada, quais foram as conclusões e o que ainda está por fazer no futuro. A análise da literatura ajuda a obter informações sobre o que foi feito anteriormente, qual a metodologia utilizada, quais as conclusões e o que ainda falta fazer no futuro. O investigador fez uma revisão exaustiva da literatura de investigação e não-investigação relacionada com o presente estudo.

O desenvolvimento dos recursos hídricos é fundamental para vários aspectos do bem-estar das pessoas e, consequentemente, para o desenvolvimento da sociedade. No discurso do desenvolvimento, a irrigação foi identificada como o principal fator de crescimento da agricultura.

De acordo com Boyee, a importância da irrigação no desenvolvimento económico pode ser vista em termos de estabilização da produção agrícola, aumento da intensidade das colheitas, produtividade da terra e do trabalho, e produção, conduzindo assim ao crescimento da agricultura (ver **Boyce, 1987**).

A irrigação aumenta a criação de emprego e, por conseguinte, o bem-estar das populações. No contexto indiano, embora reconhecendo o valor da irrigação para a agricultura, foram envidados esforços para desenvolver infra-estruturas de irrigação desde e antes da independência. Ao longo deste período, registou-se uma enorme melhoria da área cultivável sob as diferentes fontes de irrigação. No entanto, existem disparidades regionais entre regiões/estados e regiões dentro dos estados onde a irrigação está altamente concentrada nalgumas bolsas (**Barret, Christopher B., 1998**).

JALAYAGNAM: Um projeto para saciar a sede de irrigação dos agricultores

O aumento da população está a colocar um novo desafio ao Estado no sentido de aproveitar os recursos hídricos inexplorados para aumentar o potencial de irrigação, o que, por sua vez, contribui para o **crescimento da agricultura**, uma vez que se verificará um aumento da **produtividade da agricultura**, **criando** assim **emprego rural**. A crise agrária vivida no passado recente em Andhra Pradesh e as reivindicações políticas de um Estado separado, especialmente para Telangana, onde o problema está predominantemente ligado ao desenvolvimento da agricultura e à irrigação, pressionaram a necessidade de expandir as infra-estruturas de irrigação em todas as regiões do Estado e, em especial, em regiões atrasadas como Telangana (**Simhadhri e Visweswararao, 1997; Revathi, 1998**).

Quadro 2.1: Número de projectos propostos por região, desenvolvimento do Ayacut e custo estimado para a conclusão dos projectos empreendidos em "Jalayagnam· : Andhra Pradesh, 2005

S. Não.	Região	Não.	Ayacut	Custo estimado
1.	Andhra Costeira	22	3637719 (43.8)	19665 (45.7)
2.	Rayalaseema	11	1760500 (51.2)	9022 (21.0)
3.	Telangana	26	2911638 (35.0)	14307 (33.3)
Andhra Pradesh		59	8309857	8309857 (100)

Nota: 1. Os valores da coluna 4 são em número de acres; 2. Os valores da coluna 5 são em rupias;

3. Os valores apresentados entre parêntesis representam as percentagens.

Fonte: Department of l & CAD, Govt. of Andhra Pradesh (2005).

O projeto "Jalayagnam" é proposto pelo atual Governo do Estado, para cumprir a sua promessa eleitoral e apagar o fogo da recente crise agrária, que envolve a falta de infra-estruturas de irrigação, apesar de o Estado dispor de recursos hídricos potenciais. **O compromisso de "Jalayagnam" é permitir que a água flua no novo canal de irrigação, trazendo alívio à comunidade agrícola rural, que procura um abastecimento de água garantido para os próximos anos.** O projeto visa a conclusão de 31 projectos de irrigação com um custo previsto de 46 000 milhões de rúpias. Nos últimos 50 anos, foi desenvolvido no Estado um total de 65 lakh acres (26 lakh hectares) de Ayacut. O projeto "Jalayagnam", que deverá estar concluído em cinco anos, deverá duplicar a área irrigada.

Mesmo no âmbito do auspicioso programa "Jalayagnam", o número de projectos propostos por região e a dimensão (número de hectares) do desenvolvimento de Ayacut, bem como o custo estimado para a conclusão dos projectos empreendidos em Andhra Pradesh, revelam que a disparidade regional continua a existir, apesar das promessas de um desenvolvimento equilibrado a nível regional.

A continuidade do legado histórico de disparidades regionais, especialmente em termos de infra-estruturas de irrigação, continua a verificar-se mesmo nas actuais iniciativas políticas. A distribuição regional em termos de número de grandes e médias barragens, que têm uma enorme capacidade de irrigação de grandes áreas cultivadas, concluídas até à data, mostra a predominância da região costeira de Andhra, especialmente quando se tem em conta o potencial de irrigação criado. Além disso, entre os projectos de irrigação em curso e previstos, há uma clara variação entre estas regiões principais (Ibid).

Apesar de o Estado de Andhra Pradesh ser um dos Estados indianos com infra-estruturas de irrigação relativamente melhores, as disparidades regionais com o Estado no aproveitamento de fontes de água de superfície e na instalação de infra-estruturas de irrigação tornam-se uma questão preocupante. Isto no contexto da promessa de desenvolvimento regionalmente equilibrado no planeamento indiano e da exigência política de um Estado separado para Telangana. Além disso, a atual fase de dificuldades agrárias e os suicídios de agricultores agravam o problema (**Simhadri e Rao, 1997; Revathi, 1998**).

O sistema de irrigação menor desempenhou um papel vital na promoção do crescimento e desenvolvimento da produção agrícola e no reforço da segurança alimentar em zonas propensas a secas fora da área de comando/bacia hidrográfica dos grandes e médios projectos de irrigação. Por conseguinte, é dada grande prioridade à conclusão dos pequenos projectos de irrigação em curso no Estado, bem como em todo o país, e à criação de novos projectos sempre que possível. (Subramanyam, S 2002)

É digno de nota observar que a distribuição regional do número de diferentes fontes de irrigação menores apresenta uma imagem clara das variações regionais na concentração da fonte, sendo a região de Telangana responsável por um número relativamente maior de diferentes recursos de irrigação menores e, por conseguinte, a contribuição da região é relativamente mais elevada neste contexto entre as principais regiões de Andhra Pradesh.

QUADRO-2.2

Número de fontes de irrigação menores criadas em Andhra Pradesh por região durante o 3.o Censo de Irrigação Menor de[rd] (2000-01)

S. Não.	Região	DW	STW	DTW	SWIS	SWLIS
1	2	3	4	5	6	7
1	Litoral Andhra	203861 (17.2)	145812 (22.2)	30662 (35.0)	31057 (37.7)	417807 (25.1)
2	Rayaseema	246035 (20.8)	86928 (13.2)	52351 (59.3)	13235 (16.1)	401189 (24.1)

3	Telangana	735273 (62.0)	423618 (64.5)	4469 (5.1)	38151 (46.3)	845208 (50.8)
4	Total (A.P.)	**1185219 (100)**	**656359 (100)**	**87482 (100)**	**82443 (100)**	**1664204 (100)**

Nota: DWs- Dug Wells. **STWs - Shallow** Tube **Wells, DTWs** -DeepTubeWells; **SWISs** - Surface Water Irrigation Schemes; **SWLISs** - Surface Water Lift Irrigation Schemes.

Fonte: 3rd Recenseamento dos Pequenos Regantes

A economia do Estado depende principalmente da agricultura, nomeadamente em termos de emprego e de meios de subsistência. A precipitação média anual observada é de 858 mm, dos quais cerca de 670 mm (ou seja, 78%) provêm da monção do sudoeste e o restante da monção do nordeste (*ibid*). Existem, de facto, grandes variações nos recursos hídricos e na precipitação dentro do Estado em diferentes regiões agro-climáticas. Foram envidados esforços no sentido de melhorar as infra-estruturas de irrigação, utilizando simultaneamente estes recursos hídricos naturais que são úteis ao Estado.

A quota-parte do Estado de água fiável proveniente dos sistemas fluviais, com 75% de fiabilidade, está estimada em 2764 TMC (**GOAP: http:/www.aponline. gov.in/**), sendo 1480 TMC provenientes do sistema fluvial de Godavari, 811 TMC (800 TMC e 11 TMC de regeneração) do rio Krishna (**Gopalreddy G, 2004**), 98 TMC do rio Penna e o restante de todos os outros rios pequenos e médios.

Andhra Pradesh ocupa um lugar de destaque no mapa de irrigação da Índia, com os seus ricos recursos hídricos, com rios importantes como Godavari Krishna, Pennar e Tungabhadra e muitos outros rios médios e menores, num total de cerca de 37 (**GOAP, 2005b:p.61**).

Embora a maior parte do fluxo de água fiável do Krishna seja utilizada, a água do Godavari ainda não foi aproveitada. Da **área geográfica total do Estado, 2,74 lakh Sq Kms, a terra cultivável total é de cerca de 392,70 acres, dos quais 292 lakh acres estão, de facto, sob cultivo real.** Dentro da área cultivada, a terra irrigada através de diferentes fontes de irrigação é de 133,11 lakh acres, ou cerca de 40 por cento da terra cultivada (**ID CAD, (2005)**). O padrão de utilização dos recursos hídricos ao longo dos vales dos rios mostra que é menor na área de captação real, mas mais para as planícies e a área de comando. Existem 43 projectos em curso no Estado, dos quais 26 no sector principal e 17 no sector médio, para além dos projectos concluídos de 12 no sector principal e 83 no sector médio (**GOAP, 2005a**). Alguns destes projectos em curso foram recentemente iniciados com a assistência do NABARD, do JBIC e do Banco Mundial e revelaram um sinal de bons progressos a nível das infra-estruturas de irrigação. Num futuro próximo, ainda há muito a fazer para criar mais infra-estruturas de irrigação com a conclusão de todos os projectos em curso.

Jalayagnam foi submetido, pela primeira vez fora da capital do Estado, a uma avaliação de alto nível por parte de 15 distritos onde os trabalhos estão em pleno andamento em 4 grandes e 6 médios projectos. Cerca de 400 altos funcionários do Departamento de Irrigação, do Gabinete de Pagamentos e Contas e da Transco, que deverá assegurar o fornecimento de eletricidade a estes projectos, bem como engenheiros e empreiteiros, participaram na revisão.

O Estado de Andhra Pradesh possui recursos naturais abundantes, mas não é capaz de os explorar de forma adequada. Além disso, o Estado está repleto de rios e afluentes que transbordam devido às inundações que ocorrem regularmente, quase todos os anos, e estes recursos abundantes estão a ser desperdiçados. Além disso, há também a visão de terras que se tornam estéreis.

O Controlador e Auditor Geral (CAG) - (GoAP, Relatório No.2 de 2012) elogiou a iniciativa de lançar Jalayagnam como extremamente "oportuna e louvável", tendo em conta o facto de 50% da área cultivada no Estado ser alimentada pela chuva. Treze dos 86 projectos, assumidos com um custo de Rs.1.86 lakh crore para fornecer irrigação numa base garantida a 97.5 lakh acre de ayacut fresco, foram operacionalizados e a água fornecida a 12.74 lakh acres de ayacut fresco. **(The Hindu, dt.22-06-2013, pp.4).**

Com esta perceção persistente, a governação de então abriu caminho à germinação do pensamento de que os agricultores se sentiriam abandonados se o Governo se mantivesse calado, não tomando medidas corretivas. Daí resultou o conceito de "Jalayagnam", a adoração da água. Consequentemente, o Governo do Estado lançou uma iniciativa maciça, com 30 grandes projectos de irrigação e 18 projectos médios, com um custo de 72 milhões de rúpias, para cultivar 1 milhão de acres em Jalayagnam. No âmbito destes projectos, serão irrigados 33,79 hectares em Telangana, 15,34,100 hectares em Rayalaseema e 20,17,00 hectares em Coastal Andhra.

Nesta conjuntura, o Governo do Estado lançou um programa maciço para completar 30 grandes e médios projectos de irrigação num período de 2 a 5 anos, investindo quase 46 000 crores no mesmo período com a participação de bancos e outras instituições financeiras (GOAP, 2005).

QUADRO-2.3 :

Situação e número, potencial de irrigação e custo dos grandes e médios projectos de irrigação em toda a região de Andhra Pradesh 2001-01

S. Não.	Região	Barragens concluídas		Barragens em curso			Barragens previstas		
		P	IPC	P	IPE	Estd.	P	Contador de IP.	Custo estimado
1	2	3	4	5	6	7	8	9	10
Grandes projectos de irrigação									
1.	Litoral Andhra	5	23.58 (62.6)	7	17.9 (43.9)	3271 (19.6)	3	18.58 (43.4)	11231 (51.8)
2.	Rayalaseema	3	5.48 (12.9)	6	8.12 (19.9)	5930 (35.6)	1	7.88 (18.4)	3310 (15.3)
3.	Telangana	4	10.37 (24.4)	10	14.7 (36.1)	7457 (44.8)	5	16.4 (38.3)	7158 (33.0)
Total (AP)		12	**42.43 (100)**	23	**40.73 (100)**	**16658 (100)**	9	**42.86 (100)**	**21699 (100)**
Projectos de irrigação médios									
1	Litoral Andhra	31	41.81 (16.86)	12	19.84 (22.6)	512 (65.5)	2	4.73 (24.7)	329 (28.5)
2	Rayalaseema	21	16.86 (18.1)	1	24.50 (27.9)	129 (16.5)	0	0	0

3	Telangana	31	34.27 (36.9)	4	43.48 (49.9)	141 (18.0)	12	14.39 (75.3)	825 (71.5)
	Total (AP)	**83**	**92.94 (100)**	**17**	**87.82 (100)**	**782 (100)**	**14**	**19.12 (100)**	**1154 (100)**

Pode ser ilustrado com os factos de que a situação antes da integração de Andhra e Telangana para formar Andhra Pradesh em 1956, havia cerca de 4.3, 1.9 e 12 lakh acres de terra cultivada irrigada sob projeto de irrigação maior, média e menor (superfície) respetivamente e no total eram 18.2 lakh acres em Telangana, enquanto eram 30.65 na região de Andhra **(Vidyasagarrao, 2006: p.303)**. Durante o período de 1956-2004, a terra irrigada sob grande irrigação aumentou de 4,3 para 11,8 lakh acres, enquanto houve um declínio na terra irrigada sob irrigação média e menor (a terra sob irrigação média e menor caiu para 1,2 e 5,0 lakh acre, respetivamente). O facto revelador é que o sistema de irrigação menor (de superfície) bem estabelecido em Telangana foi negligenciado sem substituição, no sentido de que não houve muita iniciativa na criação de um sistema público de irrigação de superfície.

Apesar disso, o sistema de irrigação menor (em termos de iniciativa privada - captação de águas subterrâneas) continua a satisfazer as necessidades de um grande número de agricultores nas regiões de Telangana e Rayalseema. A distribuição regional do número de diferentes fontes de irrigação menores apresenta uma imagem clara das variações regionais na sua concentração, sendo a região de Telangana responsável por um número relativamente maior de diferentes fontes de irrigação menores que satisfazem as necessidades de irrigação dos agricultores e, por conseguinte, a contribuição da região é relativamente a mais elevada entre as regiões principais de Andhra Pradesh. A contribuição da região de Telangana é a mais elevada em todas estas fontes, com exceção da DTW. De facto, no âmbito da irrigação menor, é a exploração das águas subterrâneas que contribui mais para a irrigação menor total do que a irrigação menor de superfície (ver também **Venkatanarayana e Satyanarayana, 2006**).

Apesar dos enormes investimentos e dos numerosos projectos de irrigação, o Andhra Pradesh continua a enfrentar a escassez de água, o que resulta em disparidades regionais e em tumultos políticos. Por conseguinte, as políticas de irrigação do governo devem centrar-se em alternativas para reforçar a base de recursos e melhorar os meios de subsistência nas zonas de recursos frágeis. Esta abordagem proporcionaria a tão necessária estabilidade ao sector agrícola e minimizaria o sofrimento agrário nestas regiões (**V. Ratna Redd, 2006**).

No âmbito do programa "Jalayagnam", o número de projectos propostos por região, a dimensão (número de hectares) do desenvolvimento de ayacut; Embora o número de projectos propostos seja relativamente maior na região de Telangana em comparação com a região costeira de Andhra, quando consideramos a dimensão do desenvolvimento de Ayacut e o custo estimado para a conclusão dos projectos empreendidos, estes situam-se a níveis variáveis, o que compromete a necessidade desesperada de infra-estruturas de irrigação para satisfazer os agricultores de Telangana. Se o ambicioso projeto "Jalayagnam" do Governo do Estado for bem sucedido, espera-se que coloque cerca de 39,83 e 107,20 lakhs acres de terras cultiváveis sob irrigação em Telangana e Andhra, respetivamente **(Vidyasagarrao, 2006:p,304)**.

Em termos de rácio de terras irrigadas cultivadas entre as regiões de Andhra e Telangana, na altura da formação do Estado, era de 1:*2*, ao passo que, no final do projeto "Jalayagnam", se este estiver concluído, o rácio aumentará para 1:3. Estes factos e números revelam a ausência de imparcialidade em relação ao objetivo de desenvolvimento equilibrado a nível regional no processo de criação de infra-estruturas de irrigação. A máxima de bem-estar "equidade", segundo a qual os mais desfavorecidos precisam de muito mais atenção e devem obter a maior proporção na atribuição de fundos, é completamente ignorada nas iniciativas de desenvolvimento.

A área geográfica de Andhra Pradesh é de 274,4 lakh hectares e a área cultivada é de cerca de 125,2 lakh hectares. A área de irrigação é de 49,9 lakh hectares e a área líquida de irrigação é de cerca de 35,8 lakh hectares (**EPRA, 2014**).

De acordo com o **Dr. P. Devaraju e o Dr. P. Mohan Kumar, 2014,** são muitos os desafios que a agricultura indiana enfrenta na era da globalização e a água surgiu como o fator mais crucial para sustentar o sector agrícola nos próximos anos.

REFERÊNCIA

Barret. Christopher B (1998) "Immiserized Growth in Liberalized Agriculture" *World Development.* Vol. 26, No. 5, pp, 743-753.

Boyce, James K (1987) **Agrarian Impasse in Bengal: Institutional Constraints to Technological Change,** O U P, Oxford.

DES (2005) A Report on **3rd Minor Irrigation Census, 2000-01: Andhra Pradesh,** Direção de Economia e Estatística, Governo de Andhra Pradesh, Hyderabad.

Devaraaju, P. Dr. & P. Mohan Kumar, 2014: Impacto da globalização na gestão da água e na irrigação - conceito de Jalayagnam em A.P. EPRA International Journal of Economic and Business Review, Vol.2, Issue-4, 2014.

GoAP (2005a) **Jalayagnam,** Department of Irrigation and Command Area Development (I&CAD), Governo de Andhra Pradesh.

GoAP (2005b) **Economic Survey 2004-05: Andhra Pradesh,** Departamento de Planeamento, Secretariado, Hyderabad.

GOAP (sem data) **Strategy Paper on Irrigation Development:** Andhra **Pradesh,** Governo de Andhra Pradesh, Fonte: http://www.aponline. gov.in/

GoAP, 2012, O Controlador e Auditor Geral (CAG) - GoAP, Relatório No.2 de 2012.

Gopal Reddy G (2004), *Economics of Irrigation: A case study of costs and returns wider different sources of irrigation in Andhra Pradesh,* Hyderabad.

Gurjan R.K (1987) **Irrigation for agriculture modernization,** Scientific Publishers. Jodhpur.

I & CAD (2005) **Budget Estimates** 2004-05: **Volume III/13, procura XXXIII Irrigação principal e média, e XXXIV Irrigação menor,** Departamento de Irrigação e Desenvolvimento de Áreas de Comando (I&CAD),

Governo de Andhra Pradesh.

lyer, Ramaswamy R (2002) "Development or Destruction", **A Review,** *Economic and Political Weekly,* 26 de outubro.

Departamento de Irrigação e CAD 2012, GoAP, Hyderabad.

Narendranath, G; Uma Shankari e K, Rajendra Reddy (2005) "To Free or Not to Free Power: Understanding the Context of Free Power to Agriculture", *Economic and Political Weekly,* Vol.XL(53), 31 de dezembro - 6 de janeiro,

NeeTi Samakhya (2003) **Let (he Waters Flow... : A Backgrounder for Citizens on Water Issues Andhra Pradesh,** Manchi Pusthakam Secuderabad. Comissão de Planeamento (1952) **Irrigation.** Governo da Índia, Nova Deli.

Rao, Y V Krishna e Subramanyam, K (2002) **Development of Andhra Pradesh (1956-2001): A Study of Regional Disparities,** NRR Research Centre, Hyderabad.

Rao. G N (1988) "Canal Irrigation and Agrarian Change in Colonial Andhra: A Study of Godavari District c. 1850-1890", *IESHR,* Vol. *25* (1).

Ratna Reddy V., 2006. Jalayagnam, and Bridging Regional Disparities, Economic and Political Weekly, 4 de novembro de 2006 pp.4613-4620.

Reddy, V Ratna (2003) "Irrigation: Development and Reforms". *Economic and Political Weekly,* Vol. XXXVIII, No, 12&13, 22-29 de março.

Reddy, V. Ratna e P, Prudhvikar Reddy (2005) "How Participatory is Participatory Irrigation? Water Users' Associations in Andhra Pradesh" Economic and *Political Weekly,* Vol. XL, No. 53, 31 de dezembro - 6 de janeiro.

Revathi E (1998) "Farmer's Suicides : Missing Issues", *Economic and Political Weekly,* Vol.

Sen. Abhijit e M.S. Bhatia (2004) State **of the Indian Farmer: A Millennium Study - Cost of Cultivation and Farm Income Vol. 14,** Academic Foundation, New Delhi.

Simhadri, S e Rao PLV (1997) **Telangana: Dimensions of U nderdevelopment,** Centre for Telangana Studies, Hyderabad.

Social Watch (sem data) A Status **Paper on Water for Andhra Pradesh**.

Hyderabad. Subrahmanyam, S (2002) "Regional Disparities in Andhra Pradesh

Agricultura". in Y

V Krishna Rao e S Subrahmanyam (eds.) **Development of Andhra Pradesh: 1956-2001: A Study** of Regional Disparities, NRR Research Centre, Hyderabad.

Vamsi Vakulabharanam (2004) "Agricultural Growth and Irrigation in Telangana: A Review of Evidence". *Economic and Political Weekly,* Vol. 39(13), Marcli 27 - April 2 : pp.1421-1426.

Vamsi Vakulabharanam (2005) "Growth and Distress in a South Indian Peasant Economy During the Era of Economic Liberalisation" *The Journal of Development Studies.* Vol.41, No.6. agosto, pp.971-997.

Venkatanarayana, M e Jain Varinder (2004) "Telangana's Agricultural Growth Experience", *Economic and Political Weekly,* 29 de maio.

Venkatanarayana, M: P Rajanarender Reddy e S. Satyanarayana (2007) "Regional Disparities in Andhra Pradesh: With Reference to Source of Irrigation", *ICFAl Journal of Public Administration,* Vol. 3 (2).

Venkatanarayana, Motkuri e S. Satyanarayana Salbo, 2008. MPRA - Arquivo Pessoal REPEC de Munique...

Vidyasagarrao. R (2006) **Neellu-Nijalu** ***(An anthology of Telugu Essays):*** **Water and Fact (Eng. Trans)**. Fórum dos Intelectuais de Telangana e Fórum de Desenvolvimento de Telangana (EUA), Hyderabad.

CAPÍTULO - III

METODOLOGIA

3.1 Metodologia / Organização do estudo / Conceção da investigação

A metodologia de investigação é uma forma de resolver sistematicamente o problema de investigação. Explica os passos que são geralmente adoptados por um investigador no estudo do problema de investigação, juntamente com a lógica que lhe está subjacente. A metodologia de investigação indica o problema geral da organização do procedimento de recolha de dados válidos e fiáveis sobre o problema em estudo. Este capítulo trata de uma visão geral das questões metodológicas adoptadas para a realização de uma investigação sobre a avaliação da objetividade do tema em estudo. Um projeto de investigação é um planeamento e uma orientação lógicos e sistemáticos de um trabalho. Para o presente estudo, foi adotado o desenho **de investigação descritivo**.

A metodologia é a parte mais importante de qualquer estudo de investigação, que permite ao investigador elaborar um projeto para o estudo realizado. Envolve o procedimento sistemático pelo qual o investigador começa desde o momento da identificação inicial dos problemas até à sua conclusão final.

Este capítulo trata da metodologia adoptada para o presente estudo com vista a conhecer as caraterísticas socioeconómicas e demográficas (avaliação social) dos beneficiários de Jalayagnam em Andhra Pradesh. A metodologia do presente estudo inclui os objectivos, o quadro concetual, as hipóteses, as definições operacionais, o universo do estudo, a conceção da investigação, as variáveis selecionadas para o estudo, a dimensão da amostra e a técnica de amostragem, os instrumentos utilizados para a recolha de dados, a validade do conteúdo e a fiabilidade do instrumento, o estudo-piloto, a recolha de dados, as limitações e a análise estatística dos dados.

3.2 Enunciado dos problemas

Um **estudo descritivo** para avaliar a **avaliação social** e **o impacto** do projeto Jalayagnam entre os beneficiários do projeto Jalayagyam nos projectos concluídos selecionados ao abrigo do regime Jalayagnam de Andhra Pradesh.

3.3 Objectivos do estudo: Os objectivos do presente estudo são:

i. Análise socioeconómica e demográfica - Avaliação social dos beneficiários (inquiridos) de "Jalayagnam" em estudo.

ii. Analisar o **impacto** do projeto de irrigação "Jalayagnam" entre os beneficiários em relação à sua avaliação social.

3.4 Hipótese: Jalayagnam - um mega programa de segurança da água - é um instrumento prudencial para o desenvolvimento comunitário baseado na agricultura pela governação.

A hipótese é uma declaração (uma afirmação) sobre a população. A sua plausibilidade deve ser avaliada com base em informações obtidas por amostragem da população (Gouri K. Bhattacharya, Richard A. Johnson, 1940,

Statistical Concepts and Methods Pp. 165-166).

Hipótese (Ho) do presente estudo:

1. As variáveis socioeconómicas e demográficas influenciam significativamente a utilização de programas de desenvolvimento - instalações de irrigação fornecidas ao abrigo do regime de Jalayagnam.

2. A existência de fontes de irrigação adequadas e atempadas influencia significativamente o desenvolvimento da comunidade agrícola.

3. Os programas de geração de rendimentos têm uma associação positiva para o desenvolvimento da comunidade agrícola.

O início do mega-projeto de irrigação de Jalayagnam é, em si mesmo, uma intervenção do Governo para o desenvolvimento dos agricultores (com base na agricultura), pivô do conceito de desenvolvimento rural. O investigador do presente estudo está a tentar revelar o impacto desta intervenção junto dos beneficiários do mega-projeto.

O académico do presente estudo pertence à disciplina de trabalho social. O desenvolvimento comunitário ou o trabalho organizacional comunitário é um dos seis métodos da prática do trabalho social e também o terceiro método primário da prática do trabalho social. Assim, no presente estudo, os académicos pretendem analisar e explorar o efeito de "Jalayagnam" - um programa de intervenção da governação - para o desenvolvimento da comunidade agrária.

3.5 Limitações:

i. O estudo limita-se apenas aos homens que beneficiam dos projectos de irrigação de Jalayagnam nas zonas de estudo.

ii. A amostra é limitada aos beneficiários que participaram e colaboraram no momento do inquérito pelo investigador.

3.6 Universo do estudo:

A população do estudo inclui os beneficiários dos projectos de irrigação de Jalayagnam em três zonas de Andhra Pradesh, nomeadamente o projeto do sistema de irrigação por elevação de Chaganadu no distrito de East Godavari, o projeto do reservatório de Veligallu no distrito de Kadapa e o projeto do sistema de irrigação por elevação de Alisagar no distrito de Nizamabad. Estes três projectos contam-se entre os doze projectos concluídos no âmbito do regime Jalayagnam em Andhra Pradesh à data do período de estudo.

Quadro:3.1 LISTA DE 12 PROJECTOS REALIZADOS NO ÂMBITO DE JALAYAGNAM				
S. Não.	**Projectos**	**Sanção administrativa (em milhares de euros)**	**PI criados (Acres) (2004-05 a 2011-12) até 10/2011**	
			Novo IP	**Estabilização**
1.	Chagalnadu LIS	70.77	22846	0
2.	Reservatório de Peddagedda	73.19	7500	4500

3.	Reservatório de K.V. Ramakrishna Surampalem	51.38	14207	0
4.	Madduvalasa Fase I	132.17	15000	9700
5.	Reservatório de Tenneti Viswanadham Pedderu	38.41	9601	9721
6.	Projeto Kovvadakalva	68.10	15000	0
7.	Sri Magunta Subbarami Reddy Ramatheertham BR	43.00	0	72874
8.	Barragem de Swarnamukhi	52.04	9100	0
9.	Projeto Veligallu	208.72	24000	0
10.	Alisagar LIS	261.30	0	53792
11.	Rúcula Rajaram - Guthpa LIS	204.00	0	38792
12.	Projeto Gaddena - Suddavagu	186.68	14000	0
	TOTAL GERAL	**1389.76**	**131254**	**189379**

Fonte: Departamento de Irrigação e CAD, Governo de Andhra Pradesh.

Quadro 3.2: Número de projectos propostos por região, desenvolvimento de Ayacut e custo estimado para a conclusão dos projectos empreendidos em "Jalayagnam": Andhra Pradesh, 2005

S. Não.	Região	Não.	Ayacut	Custo estimado
1.	Andhra costeira	22	3637719 (43.8)	19665 (45.7)
2.	Rayalaseema	11	1760500 (51.2)	9022 (21.0)
3.	Telangana	26	2911638 (35.0)	14307 (33.3)
Andhra Pradesh		59	8309857	8309857 (100)

Nota: 1. Os valores da coluna 4 são em número de acres; 2. Os valores da coluna 5 são em rupias;

3. Os números apresentados entre parêntesis representam as percentagens.

Fonte: Department of I & CAD, Govt. of Andhra Pradesh (2005).

3.7 Conceção da investigação

A conceção da investigação refere-se ao "plano ou organização de uma investigação científica. A conceção da investigação ajuda a investigação a selecionar os sujeitos, o procedimento de recolha de dados e o tipo de análise estatística a utilizar para interpretar os dados." Trata-se de uma conceção poderosa para testar uma hipótese de relações causais entre variáveis. No presente estudo, foi utilizado **um modelo descritivo** para compreender as relações entre os fenómenos tal como ocorrem naturalmente, sem qualquer intervenção, o que foi considerado ideal para realizar o presente estudo. Trata-se de uma investigação não experimental que se centra na obtenção de informações sobre as caraterísticas, o comportamento, as diferenças de conhecimentos e as intenções de um grupo de pessoas, pedindo a indivíduos pertencentes a esse grupo que respondam a uma série de perguntas.

3.8 Definições operacionais

A irrigação é a aplicação artificial de água no solo, geralmente para ajudar no crescimento das culturas. Na produção vegetal, é principalmente utilizada para substituir a precipitação em falta em períodos de seca, mas também para proteger as plantas contra as geadas.

Jalayagnam, como a palavra indica, é um ritual para a utilização da água. O Jalayagnum (culto da água) é um programa de gestão da água na Índia.

A **conceção da investigação** refere-se ao "plano ou organização de uma investigação científica, e

é uma conceção poderosa para testar uma hipótese de relações causais entre

variáveis.

Unidade de amostragem/Respondentes/Beneficiário - O **beneficiário** é um cultivador/cultivador com mão de obra agrícola/mão de obra agrícola das áreas específicas em estudo.

O beneficiário é definido como "a pessoa que beneficia do projeto Jalayagnam em termos de emprego e de facilidades de irrigação para as suas terras ou um trabalhador no âmbito do projeto Jalayagnam (mão de obra / mandatos de trabalho / geração de salários).

Trabalhos com salário no âmbito do projeto Jalayagnam

Impacto - é definido como a extensão do ayacut alargado devido ao projeto Jalayagnam no âmbito dos projectos em estudo.

A opinião é uma crença, ou crenças colectivas, um juízo sobre o que a maioria das pessoas pensa, uma estimativa, no seu verdadeiro sentido ou significado.

Atitude - A "atitude" é bastante individualista, uma forma de sentir, pensar, comportar-se pessoalmente em relação a algo com que nos deparamos na nossa vida, no decurso das nossas actividades diárias.

a. Período de estudo: i) A informação recolhida junto dos beneficiários foi recolhida durante o período de 2004 a 2012.

b. Fontes de dados

i) **Fonte primária:** Foi elaborado um **programa de entrevistas** estruturado e específico para efeitos de recolha de informações (dados) sobre o tema em estudo. O próprio investigador recolheu dados junto dos inquiridos (beneficiários) através do método de inquérito.

ii) **Fonte secundária :**

a) Relatórios CAG (Controlador do Auditor Geral, Andhra Pradesh)

b) Sítios Web - Google e ikipedia,

c) Dos funcionários e dos registos relacionados com os projectos de irrigação de Jalayagnam.

O estudo utiliza diversas outras fontes de dados:

i. Resumo estatístico de Andhra Pradesh,

ii. Departamento de Irrigação e Desenvolvimento de Áreas de Comando (I&CAD), iii. O Relatório sobre 3rd Censo de Irrigação Menor de Andhra

Pradesh. O relatório sobre as estações e as colheitas e o relatório sobre o recenseamento agrícola de Andhra Pradesh também se revelaram úteis, para além dos dados de registo a nível das unidades da ronda 54th do NSSO (1998-99).

3.9 Normalização do programa de entrevistas

O guião da entrevista focalizada é padronizado da seguinte forma: organizando, a) **Estudo Piloto :** De acordo com Fox (1970), o estudo-piloto é uma miniatura de uma parte do estudo real em que o instrumento foi administrado a sujeitos (beneficiários inquiridos) provenientes da mesma população (dimensão da amostra).

b) **Validade** do **conteúdo:** A validade do instrumento foi estabelecida através de debates e da transformação de opiniões com os **peritos** no domínio do desenvolvimento da irrigação, do desenvolvimento rural e do projeto Jalayagnam.

c) **Fiabilidade do instrumento:** A fiabilidade refere-se à exatidão e à consistência do instrumento desenvolvido para a recolha de informações. [i]Foi adotado o método **Test-Retesf**, em que 10-15 indivíduos foram selecionados aleatoriamente (inquiridos/beneficiários) e entrevistados duas vezes com um intervalo de uma semana. Através da inclusão, exclusão e modificação, foi alcançada a consistência do programa de entrevistas.

3.10 Seleção dos beneficiários : A amostra total utilizada para a análise é de 1400 (quatrocentos apenas). Mas cerca de 1500 inquiridos/beneficiários foram entrevistados pelo investigador. Apesar dos pedidos repetidos, alguns dos inquiridos estão relutantes em dar informações completas, uma vez que se trata de um projeto governamental. Normalmente, os beneficiários não revelam facilmente informações sobre aspectos económicos, como o salário mensal/anual, os mandatos de trabalho, etc., porque podem perder o trabalho, o salário e outras regalias, sobretudo em missões do Governo, exceto no sector dos serviços permanentes. Qualquer académico pode deparar-se com o mesmo risco ao recolher e inquirir sobre aspectos económicos.

Devido à situação acima descrita, foram excluídos cerca de 100 guiões de entrevistas, por estarem incompletos em termos de informação relacionada com o tema em estudo.

Por conseguinte, a **mesma dimensão total do presente estudo é de 1400**

Unidade de amostragem: A unidade de amostragem é um inquirido ou um beneficiário do programa Jalayagnam. O **beneficiário** é um cultivador/cultivador com mão de obra agrícola/mão de obra agrícola da zona em estudo.

O beneficiário é definido como "a pessoa que beneficia do projeto Jalayagnam em termos de emprego e de facilidades de irrigação para as suas terras ou um trabalhador no âmbito do projeto Jalayagnam (mão de obra / mandatos de trabalho / geração de salários).

O projeto Jalayagnam foi concebido e executado para fornecer instalações de irrigação para o desenvolvimento da comunidade agrária das regiões costeiras de Andhra, Rayalaseema e Telangana de Andhra Pradesh. O desenvolvimento visualizado em termos de:

i. **Facilitação da irrigação, principalmente (aumento do ayacut),**

ii. **Geração de emprego (mão de obra/trabalho)** como resultado do processamento do trabalho do projeto,

iii. **geração de rendimentos** no sentido inverso, devido a trabalhos de projeto.

Fase I: Dos 12 projectos de irrigação concluídos no âmbito de Jalayagnam, foram selecionados 3 projectos concluídos, um de cada região costeira de Andhra, Rayalaseema e Telangana. Estes projectos são :

Coastal Andhra: Esquema de irrigação da lista de Chagalnadu (distrito de East Godavari)

Rayalaseema: *Reservatório de Veligallu, (Distrito de Cuddapah)*

Telangana: *Esquema de irrigação do elevador de Alisagar (distrito de Nizamabad)*

Assim, ao adotar **a técnica de amostragem propositada**, os três projectos de irrigação abrangidos pelo regime de Jalayagnam foram selecionados propositadamente para uma investigação mais aprofundada, na qualidade de projectos concluídos.

Pelas razões que se seguem, são selecionados três projectos concluídos, um de cada uma das três regiões:

1) Cooperação durante o estudo-piloto por parte dos beneficiários, bem como dos funcionários envolvidos nos gabinetes distritais e mandais. ii) Tempo limitado e razões económicas.

Fase II: Nesta fase, o investigador procurou obter informações, com a ajuda de um **programa de entrevistas** preparado e normalizado para este inquérito específico**, aleatoriamente** junto de cerca de 500 inquiridos (beneficiários), abrangendo 15-20 aldeias abrangidas por estes projectos concluídos em cada região.

Por conseguinte, a técnica de amostragem real adoptada para determinar a dimensão da amostra é a **técnica de amostragem aleatória simples**. Excluindo os calendários de entrevistas incompletos, a **dimensão** total **da amostra é de 1400**, utilizada para a análise posterior do estudo.

GRÁFICO - 3.1

CONCEPÇÃO ESQUEMÁTICA DA INVESTIGAÇÃO

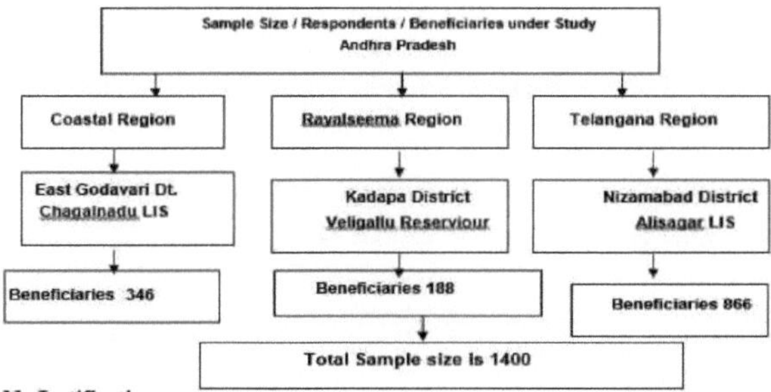

A dimensão total da amostra é de 1400

3.11 Justificação :

Jalayagnam é um programa governamental e, como é sabido, diferentes fontes/registos apresentam dados diferentes no que respeita ao número total de projectos que compõem o regime. Tal deve-se ao seguinte: i) ano do plano e ii) inclusão e exclusão de projectos por ano do plano, como o número de grandes projectos, projectos médios e projectos menores num ano do plano. Por conseguinte, o investigador teve em conta o relatório do Controlador e Auditor Geral da Índia sobre Jalayagnam do Governo de Andhra Pradesh, Relatório n.º 2 de 2012. De acordo com este registo, o programa total incluía 86 projectos: Grandes 44; Médios 30, Banco de inundações 04 e Obras de modernização 08. Destes, 74 projectos foram sancionados entre 2004 e 2009, 12 dos quais foram retomados para acelerar a sua conclusão (Relatório CAD da Índia, GoAP, Relatório n.º 2 de 2012)

3.12 Análise de dados / informações

Os dados/informação recolhidos foram editados e tabulados com a ajuda do SPSS - Análise informática. Inferências tiradas através da aplicação de ferramentas estatísticas e testes de significância.

Esquema de apresentação dos resultados e discussão:

O relatório do estudo é apresentado em *cinco capítulos.*

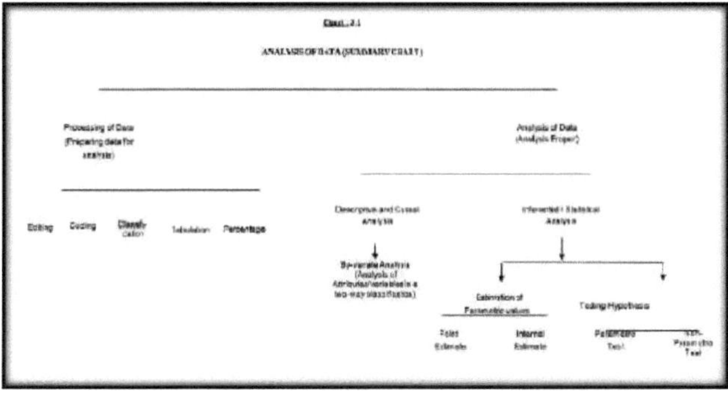

Capítulo I: No primeiro capítulo - **Introdução** - é apresentada uma perspetiva geral do tema em estudo' Jalayagnam, explicando o seu significado.

Capítulo II: Este capítulo trata da **revisão da literatura** relacionada com o tema em estudo.

Capítulo III: O terceiro capítulo explica a perspetiva organizacional do objeto de estudo, ou seja, os aspectos **metodológicos** do estudo.

Capítulo IV: **Secção-A:** Neste capítulo, a Secção-A apresenta dados/informações sobre os sujeitos em estudo (beneficiários) segundo os seus atributos socioeconómicos e demográficos - avaliação social.

Secção B: Esta secção apresenta resultados sobre o impacto de Jalayagnam em relação à economia sócio-psicológica dos beneficiários.

Capítulo V: Este quinto capítulo apresenta **uma visão global** do tema em estudo.

Limitações do estudo:

O estudo, há que reconhecer, tem algumas limitações.

De facto, o estudo limita-se a conhecer o impacto de Jalayagnam numa área limitada. Foram selecionados projectos concluídos, um de cada zona, ou seja, de Andhra, Rayalaseema e Telangana. Os beneficiários destas zonas (Mandals) no âmbito dos projectos concluídos foram selecionados e intervencionados/entrevistados pelo investigador. As conclusões tiradas limitam-se aos resultados do inquérito e qualquer generalização tem de ser aplicada com cautela.

As limitações de tempo, recursos, instalações, restrições financeiras, recolha de dados são limitadas por um processo adequado de experimentação ou observação que é essencial para adquirir novos conhecimentos. É inevitável uma certa variabilidade dos resultados, apesar de todos os cuidados tomados.

Referências

Apêndices

CAPÍTULO - IV

RESULTADOS E DEBATES

Secção - A

Neste capítulo, são discutidos os dados primários/informações recolhidos/obtidos da amostra (1400 beneficiários) em estudo sobre as suas caraterísticas socioeconómicas e demográficas.

4.1 Beneficiários / inquiridos

A unidade de amostragem, os inquiridos ou os beneficiários do estudo são as pessoas que beneficiaram ou usufruíram dos projectos em termos de **emprego (trabalho/salário), aumento do ayacut (aumento da extensão de terras férteis com instalações de irrigação (fonte de água)** do regime Jalayagnam dos diferentes projectos, respetivamente, em estudo.

Neste estudo, os inquiridos/beneficiários são analisados em relação à sua residência, ou seja, a região a que pertencem (de onde provêm), a comunidade, a idade, a educação, a ocupação, o rendimento familiar mensal, a opinião, a atitude dos beneficiários sobre Jalayagnam nas áreas de projeto do estudo, o aumento do ayacut, o emprego gerado (trabalho/salário).

O estudo é realizado em três regiões de Andhra Pradesh; região de Andhra, região de Rayalaseema e região de Telangana; o projeto de irrigação por elevação de Chagalnadu do distrito de East Godavari da região de Andhra, o reservatório de Veligallu do distrito de Kadapa da região de Rayalaseema e o projeto de irrigação por elevação de Alisagar do distrito de Nizamabad da região de Telangana são os projectos estudados para a presente investigação.

4.2 Comunidade

A comunidade é uma das variáveis sociais importantes que determina as lutas e os esforços do indivíduo para resistir e tentar elevar a sua identidade na sociedade, bem como as atitudes e aspirações da sua vida.

De facto, os beneficiários não são identificados com base na sua comunidade, mas os beneficiários em estudo são categorizados com base nas suas caraterísticas básicas.

O quadro IV A-1 revela que cerca de 31% dos beneficiários pertencem à comunidade mais atrasada, seguidos de 29% da comunidade mais avançada, 21% da casta registada e 19% das tribos registadas. Não há muita variação na distribuição dos beneficiários em termos de tamanho (proporção) com base na sua comunidade em estudo. A mesma tendência é observada entre os beneficiários do distrito de Kadapa (Quadro IV A-1). No entanto, o mesmo não se passa nas regiões de East Godavari e (Coastal Andhra) e Nizamabad (Telengana).

Quadro-IV A-1: Distribuição do número e da percentagem de beneficiários segundo a sua região e comunidade

Comunidade	Distrito			Total
	Godavari	Kadapa	Nizamabad	

	Oriental			
Comunidade prospetiva	112	54	241	407
	32.4%	28.7%	27.8%	29.1%
Comunidade atrasada	96	46	289	431
	27.7%	24.5%	33.4%	30.8%
Casta Registada	85	46	167	298
	24.6%	24.5%	19.3%	21.3%
Tribo Registada	53	42	169	264
	15.3%	22.3%	19.5%	18.9%
Total	346	188	866	1,400
	100.0%	100.0%	100.0%	100.0%

4.3 Idade

Do mesmo modo, a "idade" é também um fator determinante para qualquer tipo de mudanças e desenvolvimentos comportamentais e cognitivos na vida de uma pessoa em qualquer sociedade. Particularmente na comunidade agrária, a idade, durante o envelhecimento, as experiências e a exposição tornam-nos prontos para enfrentar e resolver os desafios e os perigos, utilizando os recursos disponíveis à sua volta.

Quadro-IV A-2: Distribuição do número e da percentagem de beneficiários segundo a sua região e idade

Idade (anos completos)	**Distrito**			**Total**
	Godavari Oriental	**Kadapa**	**Nizamabad**	
20 - 40 anos	93	11	343	447
	26.9%	5.9%	39.6%	31.9%
41 - 50 anos	150	65	342	557
	43.4%	34.6%	39.5%	39.8%
51 e mais	103	112	181	396
	29.8%	59.6%	20.9%	28.3%
Total	346	188	866	1,400
	100.0%	100.0%	100.0%	100.0%

A maioria dos inquiridos/beneficiários situa-se no grupo etário dos 41 aos 50 anos (40%), seguido de 32% no grupo etário dos 20-40 anos e cerca de 28% acima dos 50 anos neste estudo.

Surpreendentemente, observa-se uma grande variação regional (distrital) no que respeita à distribuição etária dos beneficiários. A proporção mais elevada (59,6%) de beneficiários tem mais de 51 anos na região de Kadapa (Rayalaseema); a mesma proporção na região de East Godavari (Coastal Andhra) é de 29,8% (mais de 51 anos). A proporção mais elevada de beneficiários (43,4%) situa-se no grupo etário dos 41 aos 50 anos na região de Andhra. No entanto, no distrito de Nizamabad (Telangana), observa-se uma tendência completamente oposta, ou seja, uma proporção quase igual (cerca de 40%) dos beneficiários pertence aos grupos etários dos 20-40 anos e dos 41-50 anos; cerca de 80% dos beneficiários têm menos de 50 anos.

4.4 Educação

A educação, o nível de educação desempenha um papel crucial na perpetuação da vida de uma pessoa - aumentando a consciência, a capacidade de tomar decisões adequadas, etc.

Quadro IV-A-3: Distribuição do número e da percentagem de beneficiários de acordo com a sua região e educação

Educação	Distrito			Total
	Godavari Oriental	Kadapa	Nizamabad	
Analfabeto	144	85	265	494
	41.6%	45.2%	30.6%	35.3%
Até 5th Classe	28	0	132	160
	8.1%	0.0%	15.2%	11.4%
Até 10th Classe	131	53	332	516
	37.9%	28.2%	38.3%	36.9%
Inter/Degree	43	50	137	230
	12.4%	26.6%	15.8%	16.4%
Total	346	188	866	1,400
	100.0%	100.0%	100.0%	100.0%

O quadro IV-A-3 mostra que cerca de 35% dos beneficiários são analfabetos, seguidos de cerca de 37% com habilitações académicas ao nível do ensino secundário na área de estudo. No que se refere às disparidades regionais em termos de habilitações literárias, observa-se uma tendência quase semelhante nos analfabetos de East Godavari (42%) e nos que possuem habilitações literárias de nível secundário (38%).

Na região de Kadapa, embora o analfabetismo seja elevado (45,2%) em comparação com outros distritos, os beneficiários com habilitações académicas de nível intermédio e superior são elevados (26,6%), uma proporção mais elevada em comparação com outros distritos (quadro IV-A-3).

É muito interessante observar que o analfabetismo é baixo (30,6%) no distrito de Nizamabad (região de Telangana) em comparação com outros distritos e que o nível de instrução está a aumentar.

O analfabetismo é mais frequente entre os beneficiários da região de Kadapa (45,2%), seguindo-se as regiões de East Godavari (41,6%) e Nizamabad (30,6%).

4.5 Ocupação

Mais uma vez, a ocupação/estruturas ocupacionais, o estatuto profissional ou a natureza do trabalho são também um fator determinante no modo de vida de uma pessoa. Neste caso, o próprio estudo é efectuado entre a comunidade agrária/agrícola e também a partir de trabalhos relacionados.

Quadro IV-A-4: Distribuição do número e da percentagem de beneficiários segundo a sua região e a sua profissão

Ocupação	Distrito			Total
	Godavari Oriental	**Kadapa**	**Nizamabad**	
	159	77	353	589
Trabalho agrícola	46.0%	41.0%	40.8%	42.1%
Cultivo/	76	51	223	350
Agricultores	22.0%	27.1%	25.8%	25.0%
Outros	111	60	290	461
Trabalho	32.0%	31.9%	33.5%	32.9%
Total	346	188	866	1,400
	100.0%	100.0%	100.0%	100.0%

O quadro acima mostra que a maior proporção dos beneficiários em estudo são trabalhadores agrícolas (42,1%), seguidos de outros trabalhadores (32,9%) e agricultores (25,0%) (Quadro IV.A.4).

Observa-se uma tendência semelhante da estrutura profissional, independentemente da sua residência/região, nos três distritos em estudo.

4.6 Rendimento familiar mensal

O rendimento é um indicador importante, que desempenha um papel fundamental na determinação do estatuto social de uma pessoa ou de uma família. O rendimento influencia o comportamento de uma pessoa de várias formas.

Quadro IV-A-5: Distribuição do número e da percentagem de beneficiários de segundo a sua região e o seu rendimento mensal

Rendimento mensal (em Rs.)	Distrito			Total
	Godavari Oriental	Kadapa	Nizamabad	
<15000	94	66	194	354
	27.2%	35.1%	22.4%	25.3%
15001 - 30000	175	43	375	593
	50.6%	22.9%	43.3%	42.4%
30000 e superior	77	79	297	453
	22.3%	42.0%	34.3%	32.4%
Total	346	188	866	1,400
	100.0%	100.0%	100.0%	100.0%

A tabela acima mostra que cerca de 42% dos beneficiários/amostra em estudo se encontram na categoria de rendimento familiar mensal de 15000-30 000 rupias, seguidos de 32% com rendimento mensal de 30 000 rupias ou mais e cerca de 25% com rendimento mensal inferior a 15 000 rupias. (Quadro IV-A-5).

4.7 Salários (masculino/feminino) na fábrica de Jalayagnam

Os beneficiários foram inquiridos sobre os seus ***salários*** (rendimentos) auferidos no âmbito das obras do projeto Jalayagnam e ***Mandays*** das obras de três projectos escolhidos para o presente estudo.

O salário mínimo é de Rs.250-00 para os trabalhadores do sexo masculino e de Rs.200-00 para as trabalhadoras do sexo feminino foi atribuído aos trabalhadores envolvidos nas obras do projeto (Quadro-IV-A.6). E o mesmo salário mínimo é de Rs.200-00 para os trabalhadores do sexo feminino (Quadro-IV-A.7) em todos os três distritos no âmbito dos três projectos em estudo. A pequena variação observada deve-se à variação na *natureza do trabalho* efectuado pelos trabalhadores em relação aos projectos.

Quadro IV-A.6: Distribuição do número e da percentagem de beneficiários segundo a sua região e o seu salário para os trabalhadores do sexo masculino

Salários dos trabalhadores do sexo masculino (em rupias)	Distrito			Total
	Godavari Oriental	Kadapa	Nizamabad	
200	10	29	4	43
	2.9%	15.4%	0.5%	3.1%

250	290	72	693	1,055
	83.8%	38.3%	80.0%	75.4%
300	27	69	141	237
	7.8%	36.7%	16.3%	16.9%
350	19	18	28	65
	5.5%	9.6%	2.2%	4.0%
Total	346	188	866	1,400
	100.0%	100.0%	100.0%	100.0%

Quadro IV-A.7 : Distribuição do número e da percentagem de beneficiários segundo a região e o salário das trabalhadoras

Salário para Feminino (em Rs.)	Distrito			Total
	Godavari Oriental	Kadapa	Nizamabad	
150	10	29	1	40
	2.9%	15.4%	0.1%	2.9%
200	290	72	704	1,066
	83.8%	38.3%	81.3%	76.1%
250	27	69	151	247
	7.8%	36.7%	17.4%	17.6%
300	19	18	10	47
	5.5%	9.6%	0.6%	3.0%
Total	346	188	866	1,400
	100.0%	100.0%	100.0%	100.0%

4.8 Mandatos de trabalho no âmbito de Jalayagnam

No que respeita ao número total de dias de trabalho prestados - ***os mandatos de trabalho*** são, no mínimo, de seis (6) dias, independentemente do sexo (Quadro IV-A.8). Alguns trabalhadores gostariam de trabalhar mesmo nos feriados.

(Quadro IV-A.8) - Distribuição do número e da percentagem de beneficiários segundo a sua região e a criação de emprego

Geração de emprego	Distrito			Total
	Godavari	Kadapa	Nizamabad	

	Oriental			
5 dias	6	1	133	140
	1.7%	0.5%	15.4%	10.0%
6 dias	335	186	726	1,247
	96.8%	98.9%	83.8%	89.1%
7 dias	5	1	7	13
	1.4%	0.5%	0.8%	0.9%
Total	346	188	866	1,400
	100.0%	100.0%	100.0%	100.0%

4.9 Secção IV-B: ***Impacto dos projectos de irrigação - Jalayagnam - entre os inquiridos/beneficiários em estudo***

Impacto é "algo novo" gerado, nomeadamente, ideias, mudanças de comportamento, actividades da vida quotidiana, melhoria do nível de vida, etc., com a força de algo. Neste caso, esse algo, a força é a facilitação da irrigação pelos projectos no âmbito do regime Jalayagnam. Devido às facilidades de água, à irrigação fornecida, a comunidade agrária recém-criada pode ser capaz de elevar as suas posições, o seu estatuto, utilizando os seus pontos fortes, os seus esforços para melhorar o seu nível de vida, as condições do seu modo de vida.

Esta mudança pode ser em termos de pensamento positivo sobre si próprio, sobre as suas condições de trabalho, sobre a sua vida; esperança de aumentar os rendimentos, as receitas, as poupanças, uma melhor habitação, nutrição, educação, enfim, contentamento - estar satisfeito, com o que se tem, na medida em que isso traz satisfação.

As evidências históricas revelam que a própria civilização humana floresceu à beira de fontes de água, apenas instalações.

O cultivo, a agricultura é a principal ocupação, fonte de subsistência, que é considerada como um trabalho respeitável e prestigioso na Índia.

O cultivador, um fornecedor de alimentos, encontra-se atualmente numa situação deplorável, mental e fisicamente. A própria profissão de agricultor encontra-se numa fase de "depreciação" - diminuição do valor ou da estima na sociedade atual.

Podia-se recordar, agraciar e fazer vénias a Sir Aurthor Cotton, de geração em geração. Neste cruzamento, o investigador tenta inquirir sobre o estado/impacto das instalações de irrigação fornecidas ao abrigo do esquema Jalayagnam junto da comunidade agrícola, os beneficiários dos projectos.

O impacto/estado é medido ou estudado da seguinte forma no presente estudo.

- Opinion on Jalayagnam
- Attitude on Jalayagnam

} Psychological aspects – Satisfaction

- Ayacut increased due to increased irrigation facility.
- Employment generated under the project area.

} Economic or Income Generating aspects

Além disso, os atributos acima referidos são estudados em relação às caraterísticas/aspectos de base por região (distrito), comunidade, idade e nível de instrução dos beneficiários/respondentes em estudo.

(a) Opinião sobre Jalayagnam:

'Opinião' é uma crença, ou crenças colectivas; um juízo sobre o que a maioria das pessoas pensa, uma estimativa, no seu verdadeiro sentido ou significado. Neste estudo, a opinião dos beneficiários/respondentes foi recolhida sobre os projectos de irrigação, no âmbito do regime de Jalayagnam, e é analisada de acordo com a sua **região/residência,** ***idade, comunidade, estatuto educacional, ocupação*** **e níveis** ***de rendimento mensal.***

1) Opinião Vs. Região (Distrito)

Cerca de 97% dos beneficiários, a percentagem mais elevada, consideraram este regime Jalayagnam "excelente" para a melhoria da comunidade agrária e também para a atividade agrícola, independentemente da sua comunidade, idade, educação, atividade profissional e diferenças de rendimento mensal; o mesmo se observa entre os beneficiários de East Godavari (97,7%) (Coastal Andhra).7 por cento) (Coastal Andhra), Kadapa - (99,5 por cento) (Rayalaseema) e Nizamabad - (95,6 por cento) (Telangana) (Quadro IV-B-1), os resultados são significativos, estatisticamente comprovados (χ^2 - 11,147, ao nível de 5%).

Quadro IV-B(a)-1 : Distribuição do número e da percentagem de beneficiários segundo a sua região e opinião sobre o Jalayanam

Valor do qui-quadrado	**valor de p**	**Opinião sobre Jalayagnam**			**Total**
11.147*	**0.025**	**Média**	**Bom**	**Excelente**	
Distrito	Leste Godavari	7	1	338	346
		2.0%	0.3%	97.7%	100.0%
	Kadapa	1	0	187	188
		0.5%	0.0%	99.5%	100.0%
	Nizamabad	21	17	828	866
		2.4%	2.0%	95.6%	100.0%
Total		29	18	1,353	1,400
		2.1%	1.3%	96.6%	100.0%

* significativo ao nível de 5% ** significativo ao nível de 1%

Parecer V/s. Idade dos beneficiários:

Tendência semelhante à observada anteriormente, é evidenciada pelo Quadro IV-B.2, análise da opinião em função da idade dos beneficiários, e é significativa, estatisticamente comprovada (χ^2 -11,350, ao nível de 5 %).

Quadro IV-B(a)-2: Distribuição do número e da percentagem de beneficiários segundo a sua idade e opinião sobre o Jalayagnam

Valor do qui-quadrado	valor de p	Opinião sobre Jalayagnam			Total
11.350	0.023	Média	Bom	Excelente	
Idade	20 - 40 anos	17	5	425	447
		3.8%	1.1%	95.1%	100.0%
	40 - 50 anos	9	9	539	557
		1.6%	1.6%	96.8%	100.0%
	50 e mais	3	4	389	396
		0.8%	1.0%	98.2%	100.0%
Total		29	18	1,353	1,400
		2.1%	1.3%	96.6%	100.0%

* significativo ao nível de 5% ** significativo ao nível de 1%

Opinião vs. Comunidade:

Independentemente da sua casta/comunidade, a amostra total de beneficiários em estudo tem a mesma opinião sobre o regime de Jalayagnam, que é um regime de irrigação "excelente" (quadro IV-B.3) para a melhoria da comunidade agrária do Estado.

Quadro IV-B(a)-3 : Distribuição do número e da percentagem de beneficiários segundo a sua comunidade e opinião sobre Jalayagnam

Valor do qui-quadrado	valor de p	Opinião sobre Jalayagnam			Total
4.712	0.581	Média	Bom	Excelente	
Comunidade	OC	8	3	396	407
		2.0%	0.7%	97.3%	100.0%
	BC	8	9	414	431
		1.9%	2.1%	96.1%	100.0%
	SC	6	2	290	298

		2.0%	0.7%	97.3%	100.0%
	ST	7	4	253	264
		2.7%	1.5%	95.8%	100.0%
Total		29	18	1,353	1,400
		2.1%	1.3%	96.6%	100.0%

Opinião Vs. estatuto educativo:

Quadro IV-B(a)-4: Distribuição do número e da percentagem de beneficiários segundo a sua educação e opinião sobre Jalayagnam *

Valor do qui-quadrado	valor de p	Opinião sobre Jalayagnam			Total
16.00*	**0.014**	**Média**	**Bom**	**Excelente**	
Educação	Analfabeto	7	13	474	494
		1.4%	2.6%	96.0%	100.0%
	Até à 5.ª classe	4	3	153	160
		2.5%	1.9%	95.6%	100.0%
	Até à 10.ª classe	14	2	500	516
		2.7%	0.4%	96.9%	100.0%
	Inter/Degree	4	0	226	230
		1.7%	0.0%	98.3%	100.0%
Total		29	18	1,353	1,400
		2.1%	1.3%	96.6%	100.0%

* significativo ao nível de 5%,

O quadro acima revela que o regime Jalayagnam é considerado "excelente" por todos os inquiridos ou beneficiários, independentemente das suas diferenças educativas, e é significativo, estatisticamente comprovado (χ^2 -16,00, ao nível de 5%).

Opinião Vs. Ocupação dos beneficiários :

Quadro IV-B(a)-5 : Distribuição do número e da percentagem de beneficiários segundo a sua profissão e opinião sobre Jalayagnam

Valor do qui-quadrado	valor de p	Opinião sobre Jalayagnam			Total
7.352	**0.290**	**Média**	**Bom**	**Excelente**	

Ocupação	Trabalhador agrícola	12	5	572	589
		2.0%	0.8%	97.1%	100.0%
	Cultivo / Agricultores	12	5	333	350
		3.4%	1.4%	95.1%	100.0%
	Trabalhador	5	8	438	451
		1.1%	1.8%	97.1%	100.0%
	Outros	0	0	10	10
		0.0%	0.0%	100.0%	100.0%
Total		29	18	1,353	1,400
		2.1%	1.3%	96.6%	100.0%

O quadro supra mostra igualmente que todos os beneficiários em estudo são considerados "excelentes" em relação a Jalayagnam, independentemente das suas diferenças profissionais no presente estudo (Quadro IV-B(a)-5).

Opinião Vs. Rendimento mensal:

Quadro IV-B(a)-6: Distribuição do número e da percentagem de beneficiários em função do seu rendimento mensal e da sua opinião sobre o Jalayagnam

Valor do qui-quadrado	**valor de p**	**Opinião sobre Jalayagnam**			**Total**
7.881	**0.096**	**Média**	**Bom**	**Excelente**	
Rendimento mensal (em Rs.)	< 15000	3	7	344	354
		0.8%	2.0%	97.2%	100.0%
	15001 - 30000	16	9	568	593
		2.7%	1.5%	95.8%	100.0%
	30000 e superior	10	2	441	453
		2.2%	0.4%	97.4%	100.0%
Total		29	18	1,353	1,400
		2.1%	1.3%	96.6%	100.0%

Também neste caso, independentemente do seu rendimento (situação económica), todos os beneficiários são considerados "excelentes" no regime de irrigação de Jalayagnam.

Aspectos da satisfação (psicológica)

Opinião expressa e analisada de acordo com os atributos básicos dos inquiridos/beneficiários; dos seis atributos analisados, a região, a idade e a educação mostraram um impacto significativo. Com efeito, é

natural que a idade, com as suas várias experiências e exposições, e a educação façam com que um indivíduo compreenda, analise e se abra prontamente às suas actividades da vida quotidiana.

(b) Atitude

A "atitude" é bastante individualista, uma forma de sentir, pensar, comportar-se pessoalmente em relação a algo com que nos deparamos na nossa vida, no decurso das nossas actividades diárias.

O impacto dos projectos de Jalayagnam é analisado em termos da atitude dos inquiridos/beneficiários, de acordo com os seus atributos básicos, tal como referido anteriormente.

Atitude Vs. Região (Distrito) dos Beneficiários:

Quadro IV-B(b)-7 : Distribuição do número e da percentagem de beneficiários segundo a sua região (distritos) e a sua atitude em relação a Jalayagnam

Valor do qui-quadrado	**valor de p**	**Atitude dos beneficiários em relação a Jalayagnam**			**Total**
105.706**	**0.000**	**Muito bom**	**Bom**	**Sem resposta**	
Distrito	Godavari Oriental	145	196	5	346
		41.9%	56.6%	1.4%	100.0%
	Kadapa	151	37	0	188
		80.3%	19.7%	0.0%	100.0%
	Nizamabad	344	511	11	866
		39.7%	59.0%	1.3%	100.0%
Total		640	744	16	1,400
		45.7%	53.1%	1.1%	100.0%

* significativo ao nível de 5%, ** significativo ao nível de 1%

O quadro acima revela que, com exceção de um por cento, todos os beneficiários em estudo expressaram a sua atitude como "muito boa e boa" em relação ao sistema de irrigação de Jalayagnam nos três distritos, no âmbito dos três projectos escolhidos para o presente estudo, e o resultado é estatisticamente significativo (χ^2 -105.506, ao nível 1.1).

Atitude Vs. Idade dos Beneficiários:

Quadro IV-B(b)-8 : Distribuição do número e da percentagem de beneficiários em função da sua idade e da sua atitude em relação ao Jalayagnam

Valor do qui-quadrado	**valor de p**	**Atitude dos beneficiários em relação a Jalayagnam**			**Total**
18.88**	**0.001**	**Muito bom**	**Bom**	**Sem resposta**	

Idade	20 - 40 anos	167	273	7	447
		37.4%	61.1%	1.6%	100.0%
	40 - 50 anos	278	274	5	557
		49.9%	49.2%	0.9%	100.0%
	50 e mais	195	197	4	396
		49.2%	49.7%	1.0%	100.0%
Total		640	744	16	1,400
		45.7%	53.1%	1.1%	100.0%

* significativo ao nível de 5%, ** significativo ao nível de 1%

O impacto é semelhante entre todos os beneficiários em estudo, independentemente das suas diferenças de idade, comunidade, educação, ocupação e diferenças de rendimento (Tabela IV-B(b)-8,9,10,11,12), revelou-se significativo ao nível de 1% (χ^2 - 18,88, ao nível de 1,1) (Tabela IV-B(b)-8).

Atitude Vs. Comunidade dos Beneficiários:

Quadro IV-B(b)-9 : Distribuição do número e da percentagem de beneficiários em função da sua idade e da sua atitude em relação ao Jalayagnam

Valor do qui-quadrado	**valor de p**	**Atitude dos beneficiários em relação a Jalayagnam**			**Total**
6.227	**0.398**	**Muito bom**	**Bom**	**Sem resposta**	
Comunidade	OC	197	207	3	407
		48.4%	50.9%	0.7%	100.0%
	BC	197	228	6	431
		45.7%	52.9%	1.4%	100.0%
	SC	139	154	5	298
		46.6%	51.7%	1.7%	100.0%
	ST	107	155	2	264
		40.5%	58.7%	0.8%	100.0%
Total		640	744	16	1,400
		45.7%	53.1%	1.1%	100.0%

Todos os beneficiários em estudo manifestaram a mesma atitude em relação ao Jalayagnam, considerando-o "muito bom e bom", independentemente da comunidade a que pertencem (Quadro IV-B(b)-9).

Atitude Vs. Estatuto académico dos beneficiários:

Quadro IV-B(b)-10: Distribuição do número e da percentagem de beneficiários em função da sua educação e da sua atitude em relação ao Jalayagnam

Valor do qui-quadrado	valor de p	Atitude dos beneficiários em relação a Jalayagnam			Total
25.313**	**0.000**	**Muito bom**	**Bom**	**Sem resposta**	
Educação	Analfabeto	242	250	2	494
		49.0%	50.6%	0.4%	100.0%
	Até à 5.ª classe	70	84	6	160
		43.8%	52.5%	3.8%	100.0%
	Até à 10.ª classe	209	299	8	516
		40.5%	57.9%	1.6%	100.0%
	Inter/Degree	119	111	0	230
		51.7%	48.3%	0.0%	100.0%
Total		640	744	16	1,400
		45.7%	53.1%	1.1%	100.0%

* significativo ao nível de 5% , ** significativo ao nível de 1%

O impacto do projeto Jalayagnam em termos da sua atitude como "muito boa e boa", de acordo com o seu estatuto educativo dos beneficiários, revelou-se significativo ao nível de 1%, comprovado estatisticamente (χ^2 -25,313, ao nível de 1%) (Quadro IV-B(b)-10).

Atitude Vs. Estrutura profissional dos beneficiários:

Quadro IV-B(b)-11: Distribuição do número e da percentagem de beneficiários segundo a sua profissão e a sua atitude em relação ao Jalayagnam

Valor do qui-quadrado	valor de p	Atitude dos beneficiários em relação a Jalayagnam			Total
13.606*	**0.034**	**Muito Bom**	**Bom**	**Não Resposta**	
Ocupação	Trabalhador agrícola	286	298	5	589
		48.6%	50.6%	0.8%	100.0%
	Cultivo Agricultores	151	197	2	350
		43.1%	56.3%	0.6%	100.0%
	Trabalhador	198	245	8	451
		43.9%	54.3%	1.8%	100.0%

	Outros	5	4	1	10
		50.0%	40.0%	10.0%	100.0%
Total		640	744	16	1,400
		45.7%	53.1%	1.1%	100.0%

* significativo ao nível de 5%, ** significativo ao nível de 1%

Do mesmo modo, todos os beneficiários em estudo expressaram a sua atitude em relação a Jalayagnam como "muito boa e boa", independentemente da sua estrutura profissional diferenciada, e o resultado é significativo ao nível de 5% (χ^2 -13,606, nível de 5%).

Atitude Vs. Rendimento mensal dos beneficiários:

Quadro IV-B(b)-12: Distribuição do número e da percentagem de beneficiários segundo o seu rendimento mensal e a sua atitude em relação ao Jalayagnam

Valor do qui-quadrado	valor de p	Atitude dos beneficiários em relação a Jalayagnam			Total
25.378**	0.000	Muito bom	Bom	Não \Resposta	
Rendimento mensal (em Rs.)	< 15000	197	154	3	354
		55.6%	43.5%	0.8%	100.0%
	15001 - 30000	271	316	6	593
		45.7%	53.3%	1.0%	100.0%
	30000 e superior	172	274	7	453
		38.0%	60.5%	1.5%	100.0%
Total		640	744	16	1,400
		45.7%	53.1%	1.1%	100.0%

* significativo ao nível de 5%, ** significativo ao nível de 1%

Também aqui, todos os beneficiários em estudo expressaram muito positivamente a sua atitude em relação ao regime Jalayagnam, independentemente dos seus níveis de rendimento, e a conclusão é estatisticamente significativa (χ^2 -25,378, ao nível de 1%) (Quadro IV-B(b)-12).

Satisfação (estado psicológico):

Como dá vida, conduzindo a uma vida melhor na sociedade, Jalayagnam é considerado um programa de irrigação muito bom pelo governo, expresso pelo total de beneficiários em estudo e a atitude é estatisticamente significativa ao nível de 1% pelo teste *tf-square.*

(c) Ayacut: '**Ayacuf** é uma terra fértil com fonte de água. Por vezes, o ayacut pode ser alimentado apenas pela chuva - depende apenas da água da chuva. Neste caso, a questão do investigador é saber se, devido ao aumento das instalações de irrigação no âmbito do regime de Jalayagnam, a extensão do ayacut aumenta ou não, porque o próprio objetivo ou finalidade do regime de Jalayagnam é aumentar a extensão das terras férteis (ayacut), fornecendo água.

As informações relativas ao ayacut e aos seus associados são apresentadas a seguir:

Aayacut V/s. Residência/Região dos beneficiários :

Quadro IV-B(c)-13: Distribuição do número e da percentagem de beneficiários de acordo com a sua região e melhoria em Ayacut

Valor do qui-quadrado	**valor de p**	**Ayacut é realmente bom com este projeto**		**Total**
1.902	**0.386**	**Não**	**Sim**	
Distrito	Godavari Oriental	1	345	346
		0.3%	99.7%	100.0%
	Kadapa	0	188	188
		0.0%	100.0%	100.0%
	Nizamabad	6	860	866
		0.7%	99.3%	100.0%
Total		7	1,393	1,400
		0.5%	99.5%	100.0%

Foi perguntado aos beneficiários se o ayacut foi realmente alargado (expandido) devido à facilidade de irrigação fornecida ao abrigo do regime de Jalayagnam. O quadro supra mostra que os inquiridos/beneficiários usufruíram realmente da fonte de água para as suas actividades agrícolas.

Além disso, os beneficiários foram inquiridos sobre a extensão da expansão do ayacut com instalações de irrigação devido ao projeto Jalayagnam. Cerca de 52% dos beneficiários referiram que cerca de 30 a 60% das terras agrícolas (ayacut) aumentaram (expandiram-se) com a instalação de irrigação, seguidos de 28% que referiram uma expansão de cerca de 30% das ayacut devido ao regime de Jalayagnam (Quadro IV-B.14). Este aumento da extensão do ayacut é mais relatado (67,0%) pelos beneficiários da região de Kadapa (Rayalaseema), sob o reservatório de Velligallu, seguido por Nizamabad (51,2%) região de Telangana e East Godavari 47,1% região de Andhra. Os District Mandal Officers das zonas do projeto também apoiaram esta informação comunicada pelos beneficiários. Estes factos são significativos ao nível de 1% (χ^2 valor -41,166, ao nível de 1%).

Quadro IV-B(c)-14: Distribuição do número e da percentagem de beneficiários de acordo com a sua região e melhoria em Ayacut

Valor do qui-quadrado	**valor de p**	**Percentagem de Ayacut desenvolvida**			**Total**
41.166**	**0.000**	**Até 30% do terreno**	**30% a 60% do terreno**	**60% ou mais**	
Distrito	Leste Godavari	82	163	101	346
		23.7%	47.1%	29.2%	100.0%
	Kadapa	37	126	25	188
		19.7%	67.0%	13.3%	100.0%
	Nizamabad	270	443	153	866
		31.2%	51.2%	17.7%	100.0%
Total		389	732	279	1,400
		27.8%	52.3%	19.9%	100.0%

* significativo ao nível de 5% , ** significativo ao nível de 1%

Ayacut Vs. Idade dos beneficiários :

Os factos acima referidos relativos à expansão do ayacut são analisados em função da idade dos beneficiários. Também neste caso, a maioria dos beneficiários declarou ter sido beneficiada (99,2%), independentemente da diferença de idades (Quadro IV-B(c)-15).

Quadro IV-B(c)-15: Distribuição do número e da percentagem de beneficiários de acordo com a sua idade e melhoria em Ayacut

Valor do qui-quadrado	**valor de p**	**Ayacut é realmente melhorado com este projeto**		**Total**
0.486	**0.784**	**Não**	**Sim**	
Idade	20 - 40 anos	3	444	447
		0.7%	99.3%	100.0%
	40 - 50 anos	2	555	557
		0.4%	99.6%	100.0%
	50 e mais	2	394	396
		0.5%	99.5%	100.0%
Total		7	1,393	1,400
		0.5%	99.5%	100.0%

Ayacut Vs. Comunidade dos beneficiários :

Tal como observado anteriormente, independentemente dos diferenciais comunais, a maioria dos inquiridos referiu que ayacut - a terra fértil com instalações de irrigação - se expandiu devido ao regime de Jalayagnam (Quadro IV-B(c)-16).

Quadro IV-B(c)-16: Distribuição do número e da percentagem de beneficiários de acordo com a sua comunidade e melhoramento em Ayacut

Valor do qui-quadrado	**valor de p**	**Ayacut é realmente melhorado com este projeto**		**Total**
0.526	**0.913**	**Não**	**Sim**	
Comunidade	OC	2	405	407
		0.5%	99.5%	100.0%
	BC	2	429	431
		0.5%	99.5%	100.0%
	SC	1	297	298
		0.3%	99.7%	100.0%
	ST	2	262	264
		0.8%	99.2%	100.0%
Total		7	1,393	1,400
		0.5%	99.5%	100.0%

Ayacut Vs. Estatuto educativo dos beneficiários:

Quadro IV-B(c)-17: Distribuição do número e da percentagem de beneficiários de acordo com a sua educação e melhoria em Ayacut

Valor do qui-quadrado	**valor de p**	**Ayacut é realmente melhorado com este projeto**		**Total**
1.681	**0.641**	**Não**	**Sim**	
Educação	Analfabeto	3	491	494
		0.6%	99.4%	100.0%
	Até à 5.ª classe	0	160	160
		0.0%	100.0%	100.0%
	Até à 10.ª classe	2	514	516
		0.4%	99.6%	100.0%

	Inter/Degree	2	228	230
		0.9%	99.1%	100.0%
Total		7	1,393	1,400
		0.5%	99.5%	100.0%

Do mesmo modo, independentemente do seu estatuto educativo, todos os inquiridos têm expressaram que o ayacut melhorou devido ao projeto Jalayagnam (Quadro-IV-B(c)-17).

Ayacut Vs. Ocupação dos beneficiários :

Também neste caso, todos os beneficiários declararam ter beneficiado do aumento do seu ayacut devido às facilidades de irrigação proporcionadas pelo regime Jalayagnam, como se pode observar no quadro IV-B(c)-18.

Ayacut Vs. Estatuto profissional dos beneficiários :

Quadro IV-B(c)-18: Distribuição do número e da percentagem de beneficiários de acordo com a sua ocupação e melhoria em Ayacut

Valor do qui-quadrado	**valor de p**	**Ayacut é realmente melhorado com este projeto**		**Total**
2.486	**0.478**	**Não**	**Sim**	
Ocupação	Trabalhador agrícola	1	588	589
		0.2%	99.8%	100.0%
	Cultivo/ Agricultores	3	347	350
		0.9%	99.1%	100.0%
	Trabalhador	3	448	451
		0.7%	99.3%	100.0%
	Outros	0	10	10
		0.0%	100.0%	100.0%
Total		7	1,393	1,400
		0.5%	99.5%	100.0%

Ayacut Vs. Níveis de rendimento dos beneficiários :

Do mesmo modo, o quadro IV-B(c)-19 revela que, independentemente da sua situação económica, todos os beneficiários declararam que o ayacut aumentou efetivamente no âmbito do regime Jalayagnam.

Quadro IV-B(c)-19: Distribuição do número e da percentagem de beneficiários de acordo com o seu

rendimento mensal e melhorias em Ayacut

Valor do qui-quadrado	valor de p	Ayacut é realmente melhorado com este projeto		Total
2.450	0.294	Não	Sim	
Rendimento mensal (em Rs.)	< 15000	1	353	354
		0.3%	99.7%	100.0%
	15001 - 30000	5	588	593
		0.8%	99.2%	100.0%
	30000 e superior	1	452	453
		0.2%	99.8%	100.0%
Total		**7**	**1,393**	**1,400**
		0.5%	**99.5%**	**100.0%**

(d) Geração de emprego

Foi pedido aos beneficiários em estudo que indicassem se tinham beneficiado em termos de ***emprego - mandatos de trabalho; trabalho gerador de rendimentos fornecido ao abrigo do regime Jalayagnam***.

Este relatório é analisado de acordo com as caraterísticas socioeconómicas (região, comunidade, educação, profissão), económicas (rendimento) e demográficas (idade) dos beneficiários inquiridos em estudo.

Geração de emprego em função da região dos beneficiários :

Quadro IV-B(d)-20: Distribuição do número e da percentagem de beneficiários de acordo com a sua região e relatórios sobre a criação de emprego

Valor do qui-quadrado	valor de p	O emprego é realmente gerado		Total
0.559	**0.756**	**Não**	**Sim**	
Distrito	Godavari Oriental	2	344	346
		0.6%	99.4%	100.0%
	Kadapa	1	187	188
		0.5%	99.5%	100.0%
	Nizamabad	8	858	866
		0.9%	99.1%	100.0%
Total		11	1,389	1,400
		0.8%	99.2%	100.0%

Todos os inquiridos subestudados em três regiões da área de estudo, ou seja, East Godavari (Andhra), Kadapa (Rayalaseema) e Nizamabad (Telangana), expressaram que tinham emprego - trabalhos geradores de rendimentos - ao abrigo do regime Jalayagnam (Quadro IV-B(d)-20).

Além disso, os beneficiários foram questionados sobre o seu emprego em termos de geração de rendimentos graças ao regime Jalayagnam.

Quadro IV-B(d)-21: Distribuição do número e da percentagem de beneficiários de acordo com a sua região e com o relatório sobre a criação de emprego (rendimento mensal)

Valor do qui-quadrado	**valor de p**	**Emprego gerado (Rendimento em rupias)**				**Total**
1924.07**	**0.000**	**Até 5000**	**5001 - 10000**	**10001 - 15000**	**15001 e acima**	
Distrito	Leste Godavari	29	317	0	0	346
		8.4%	91.6%	0.0%	0.0%	100.0%
	Kadapa	183	0	0	5	188
		97.3%	0.0%	0.0%	2.7%	100.0%
	Nizamabad	60	45	754	7	866
		6.9%	5.2%	87.1%	0.8%	100.0%
Total		272	362	754	12	1,400
		19.4%	25.9%	53.9%	0.9%	100.0%

* significativo ao nível de 5% , ** significativo ao nível de 1%

O quadro IV-B(d)-21 mostra que a percentagem mais elevada (53,9%) de beneficiários declarou que o seu rendimento mensal se situa entre 10 000 e 15 000 rupias. A mesma percentagem é observada em Nizamabad (87,1%). No entanto, a maior percentagem de beneficiários de East Godavari (91,6%) referiu que o seu rendimento mensal se situa entre 5 000 e 10 000 rupias devido às obras de Jalayagnam. A proporção mais elevada (97,3%) de beneficiários da região de Kadapa indicou que o seu rendimento mensal ronda apenas os 5 000 rupias devido às obras de Jalayagnam. Estas informações (observações) são estatisticamente significativas.

Nas Tabelas IV-B(d)-21, cerca de 54% dos beneficiários declararam ter recebido rendimentos mensais entre 10 000 e 15 000 rupias, seguidos de 26% dos beneficiários que declararam ter recebido entre 5 000 e 10 000 rupias e 19% que receberam cerca de 5 000 rupias. E esta declaração é significativa ao nível de 1% (χ^2 - 1924.07, nível de 1%).

Quadro IV-B(d)-22: Distribuição do número e da percentagem de beneficiários de acordo com a sua idade e com a informação sobre a criação de emprego

Valor do qui-quadrado	valor de p	O emprego é realmente gerado		Total
3.081	**0.214**	Não	Sim	
Idade	20 - 40 anos	6	441	447
		1.3%	98.7%	100.0%
	40 - 50 anos	2	555	557
		0.4%	99.6%	100.0%
	50 e mais	3	393	396
		0.8%	99.2%	100.0%
Total		11	1,389	1,400
		0.8%	99.2%	100.0%

Quadro IV-B(d)-23: Distribuição do número e da percentagem de beneficiários de acordo com a sua comunidade e relatórios sobre a criação de emprego

Valor do qui-quadrado	valor de p	O emprego é realmente gerado		Total
3.556	**0.34**	Não	Sim	
Comunidade	OC	1	406	407
		0.2%	99.8%	100.0%
	BC	3	428	431
		0.7%	99.3%	100.0%
	SC	3	295	298
		1.0%	99.0%	100.0%
	ST	4	260	264
		1.5%	98.5%	100.0%
Total		11	1,389	1,400
		0.8%	99.2%	100.0%

Quadro IV-B(d)-24: Distribuição do número e da percentagem de beneficiários de acordo com as suas habilitações literárias e relatórios sobre a criação de emprego

Valor do qui-	valor de p	O emprego é realmente gerado	Total

quadrado				
1.605	**0.658**	**Não**	**Sim**	
Educação	Analfabeto	2	492	494
		0.4%	99.6%	100.0%
	Até à 5.ª classe	2	158	160
		1.3%	98.8%	100.0%
	Até à 10.ª classe	5	511	516
		1.0%	99.0%	100.0%
	Inter/Degree	2	228	230
		0.9%	99.1%	100.0%
Total		11	1,389	1,400
		0.8%	99.2%	100.0%

Quadro IV-B(d)-25: Distribuição do número e da percentagem de beneficiários de acordo com a sua atividade profissional e relatórios sobre a criação de emprego

Valor do qui-quadrado	**valor de p**	**O emprego é realmente gerado**		**Total**
8.88*	**0.031**	**Não**	**Sim**	
Ocupação	Agricultura	2	587	589
	Trabalhador	0.3%	99.7%	100.0%
	Cultivo/	7	343	350
	Agricultores	2.0%	98.0%	100.0%
	Trabalhador	2	449	451
		0.4%	99.6%	100.0%
	Outros	0	10	10
		0.0%	100.0%	100.0%
Total		11	1,389	1,400
		0.8%	99.2%	100.0%

* significativo ao nível de 5% , ** significativo ao nível de 1%

Do mesmo modo, todos os beneficiários, independentemente do seu estatuto educativo, profissão, comunidade, idade e região, expressaram que lhes foram proporcionados trabalhos remunerados ao abrigo do regime Jalayagnam.

QUADRO IV-B(d)-26: Distribuição do número e da percentagem de beneficiários de acordo com o seu rendimento mensal e com o relatório sobre a criação de emprego

Valor do qui-quadrado	**valor de p**	**O emprego é realmente gerado**		**Total**
2.095	**0.351**	**Não**	**Sim**	
Rendimento mensal (em Rs.)	< 15000	2	352	354
		0.6%	99.4%	100.0%
	15001 - 30000	7	586	593
		1.2%	98.8%	100.0%
	30000 e superior	2	451	453
		0.4%	99.6%	100.0%
Total		11	1,389	1,400
		0.8%	99.2%	100.0%

A partir dos quadros IV-B(d)-20, 21, 22, 23, 24, 25 e IV-B(d)-26, observa-se que a maioria dos inquiridos (beneficiários) referiu que foi beneficiada pela criação de emprego (mandatos de trabalho remunerado - geração de rendimentos).

(e) Análise comparativa do "*ayacut*" e da *geração de rendimentos dos* inquiridos (beneficiários) "antes e depois" do funcionamento do regime Jalayagnam no âmbito dos projectos selecionados para o presente estudo.

Por outro lado, a melhoria ou o aumento de ayacut com instalações de irrigação na exploração individual/familiar; e também a melhoria ou o aumento do rendimento gerado a nível individual e familiar devido à criação de emprego no âmbito do regime de Jalayagnam é analisado em termos de ***"antes e depois"*** do funcionamento (facilitação) do regime de Jalayagnam, fornecendo ***irrigação (água)*** e ***rendimento (salários)*** aos inquiridos no âmbito dos projectos selecionados neste estudo.

Melhoria de Ayacut "antes e depois" do fornecimento de instalações de irrigação no âmbito do projeto selecionado, por região.

A água, a rega, é o elemento mais necessário para os rendimentos agrícolas, o que, por sua vez, eleva a comunidade agrícola.

i. **Explorações individuais de Ayacut:** Observa-se uma melhoria notável na expansão do ayacut, que passou de não ter água - antes do início do projeto Jalayanam - para depois de ter sido fornecida irrigação à comunidade agrícola a nível individual nas três regiões dos projectos Jalayagnam: Coastal Andhra (East Godavari), Rayalaseema (Kadapa) e Telangana (Nizamabad) (Quadro IV-B(e).27). A expansão do ayacut sem água, ou seja, <1 a 3 acres, aumentou para 3 a 6 acres com água, conforme expresso pela maior proporção de beneficiários e também pelos funcionários envolvidos nos projectos de irrigação nas respectivas regiões.

O quadro IV-B(e)27 revela que cerca de 63% dos beneficiários com menos de 1 acre de ayacut e cerca de 35% com 1-3 acres de ayacut, antes do funcionamento do projeto Jalayagnam, declararam que o aumento do seu ayacut foi de 64% com 1 a 3 acres e cerca de 31% com 4-6 acres, respetivamente, após o funcionamento do projeto Jalayagnam a nível individual.

ii. Explorações familiares de ayacut: Da mesma forma, no que diz respeito à expansão do ayacut com instalações de irrigação no âmbito do projeto Jalayagnam ao nível das explorações familiares dos beneficiários, também se observa uma melhoria notável na tabela (Tabela-IV-B(e)-28). Neste estudo, o ayacut, após o fornecimento de água, aumentou de menos de um acre para 1 a 6 acres. O quadro IV-B(e)-28 revela que cerca de 35% dos beneficiários com menos de um acre de ayacut e cerca de 58% dos beneficiários com 1 a 3 acres de ayacut antes do funcionamento do projeto Jalayagnam comunicaram o aumento do seu ayacut de 1 a 3 acres para 48% dos beneficiários e de 4 a 6 acres para 44% dos beneficiários a nível da exploração familiar.

Esta expansão da ayacut é observada em todas as regiões - Andhra costeira, Rayalaseema e Telangana.

Quadro IV-B(e)-27 - Distribuição do número e da percentagem de beneficiários de acordo com a melhoria de Ayacut "antes e depois" do fornecimento de instalações de irrigação ao abrigo dos projectos selecionados, por região e a nível individual

unctioning of Jalayagnam at Individual Ayacut * District Cross tabulation						After Functioning of Jalayagnam at Individual Ayacut*District Cross tabulation					
Before	Acres	District			Total	After	Acres	District			Total
		East Godavari	Kadapa	Nizamabad				East Godavari	Kadapa	Nizamabad	
Individual Ayacut	<1	230	50	598	**878**	Individual Ayacut	<1	18	0	29	47
		66.5%	**26.6%**	**69.1%**	**62.7%**			5.2%	0.0%	3.3%	3.4%
	1 - 3	115	119	254	**488**		1 - 3	245	50	597	**892**
		33.2%	**63.3%**	**29.3%**	**34.9%**			**70.8%**	**26.6%**	**68.9%**	**63.7%**
	4 - 6	1	19	13	33		4 - 6	82	119	231	**432**
		0.3%	10.1%	1.5%	2.4%			**23.7%**	**63.3%**	**26.7%**	**30.9%**
	>7	0	0	1	1		>7	1	19	9	29
		0.0%	0.0%	0.1%	0.1%			0.3%	10.1%	1.0%	2.1%
Total		346	188	866	1,400	Total		346	188	866	1,400
		100.0%	100.0%	100.0%	100.0%			100.0%	100.0%	100.0%	100.0%

QUADRO-IV-B(e)-28 - Distribuição do número e da percentagem de beneficiários de acordo com a melhoria de Ayacut "antes e depois" do fornecimento de instalações de irrigação ao abrigo dos projectos selecionados, por região e a nível familiar

Before Functioning of Jalayagnam at Family Income						After Functioning of Jalayagnam at Family Income					
Before	Acres	District			Total	After	Acres	District			Total
		East Godavari	Kadapa	Nizamabad				East Godavari	Kadapa	Nizamabad	
Family Ayacut	< 1	158	69	263	**490**	Family Ayacut	< 1	14	0	11	25
		45.7%	**36.7%**	**30.4%**	**35.0%**			4.0%	0.0%	1.3%	1.8%
	1 - 3	186	83	538	**807**		1 - 3	198	71	400	**669**
		53.8%	**44.1%**	**62.1%**	**57.6%**			**57.2%**	**37.8%**	**46.2%**	**47.8%**
	4 - 6	2	36	63	101		4 - 6	132	84	399	**615**
		0.6%	19.1%	7.3%	7.2%			**38.2%**	**44.7%**	**46.1%**	**43.9%**
	>7	0	0	2	2		>7	2	33	56	91
		0.0%	0.0%	0.2%	0.1%			0.6%	17.6%	6.5%	6.5%
Total		346	188	866	1,400	Total		346	188	866	1,400
		100.0%	100.0%	100.0%	100.0%			100.0%	100.0%	100.0%	100.0%

4.10 Melhorias nos níveis de rendimento antes do início do projeto Jalayagnam e após o funcionamento do projeto Jalayagnam

O investigador fez um esforço semelhante para revelar a melhoria dos níveis de rendimento dos beneficiários a nível individual e familiar devido à criação de emprego **(mandatos semanais de trabalho com salário)** no âmbito do projeto Jalayagnam nas três regiões de Andhra Pradesh.

Também aqui se observa uma melhoria notável dos níveis de rendimento dos inquiridos (beneficiários) desde antes do início do projeto Jalayagnam até depois do seu funcionamento nas três regiões de Andhra Pradesh (Quadros IV-B(e)-29 e 30), tanto a nível individual como familiar.

Cerca de 57% dos beneficiários com um rendimento individual semanal de 250-500 rúpias e 38% com 501-750 rúpias antes do início das obras do projeto Jalayagnam comunicaram um aumento do seu rendimento de 501-750 rúpias e 751-1000 rúpias em 62% e 30% dos beneficiários, respetivamente (Quadro IV-B(e)-29).

Cerca de 95% dos beneficiários declararam que o seu rendimento semanal se situava entre 250 e 750 rupias a nível individual antes do início do regime Jalayagnam na zona de estudo. Após o funcionamento do regime Jalayanam, a proporção mais elevada (91,5%) de beneficiários comunicou que os seus níveis de rendimento semanal aumentaram para Rs.500-1000/- (Quadros IV-B(d)-21). Observou-se igualmente uma tendência semelhante de melhoria dos níveis de rendimento a nível familiar (quadro IV-B(d)-30). Do mesmo modo, no que respeita ao rendimento familiar semanal, também se observa uma tendência semelhante (Quadro IV-B(d)-

30).

Cerca de 40% dos beneficiários com um rendimento familiar semanal de 250-500 rupias e cerca de 51% dos beneficiários com um rendimento familiar semanal de 501-750 rupias antes do início das obras do projeto de Jalayagnam declararam que o seu rendimento semanal aumentou para 501-750 rupias e 751-1000 rupias em cerca de 59% e 32% dos beneficiários, respetivamente, devido às obras do projeto de Jalayagnam.

Tal deve-se ao facto de a comunidade agrícola receber trabalho remunerado a nível individual e familiar. É esta a intenção/objetivo do regime de irrigação de Jalayanam, concebido pelo Governo do Estado de então.

QUADRO-IV-B(e)-29- Distribuição do número e da percentagem de beneficiários de acordo com a melhoria do rendimento diário "antes e depois" do fornecimento de instalações de irrigação ao abrigo dos projectos selecionados, por região e ao nível do rendimento individual

Before Functioning of Jalayagnam						**After Functioning of Jalayagnam**					
Before	**In Rs.**	**District**			**Total**	After	**InRs.**	**District**			**Total**
		East Godavari	**Kadapa**	**Nizamabad**				**East Godavari**	**Kadapa**	**Nizamabad**	
Weekly Individual Income	250 - 500	195	99	500	**794**	**Weekly Individual Income**	250 - 500	22	2	41	65
		56.4%	**52.7%**	**57.7%**	**56.7%**			6.4%	1.1%	4.7 %	4.6%
	501 - 750	133	68	336	**537**		501 - 750	226	99	541	**866**
		38.4%	**36.2%**	**38.8%**	**38.4%**			**65.3%**	**52.7%**	**62.5 %**	**61.9%**
	751 - 1000	18	21	29	68		751 - 1000	88	67	259	**414**
		5.2%	11.2%	3.3%	4.9%			**25.4%**	**35.6%**	**29.9 %**	**29.6%**
	1001 - 1250	0	0	1	1		1001 - 1250	10	20	25	55
		0.0%	0.0%	0.1%	0.1%			2.9%	10.6%	2.9 %	3.9%
Total		346	188	866	1,400	Total		346	188	866	1,400
		100.0%	100.0%	100.0%	100.0%			100.0%	100.0%	100.0%	100.0%

Quadro IV-B(e)-30 - Distribuição do número e da percentagem de beneficiários de acordo com a melhoria do rendimento semanal "antes e depois" do fornecimento de instalações de irrigação ao abrigo dos projectos selecionados, por região e ao nível do rendimento familiar

Before Functioning of Jalayagnam at Family Income						After Functioning of Jalayagnam at Family Income					
Before	In Rs.	District			Total	After	In Rs.	District			Total
		East Godavari	Kadapa	Nizamabad				East Godavari	Kadapa	Nizamabad	
Weekly Family Income	250 -500	161	105	298	564	Weekly Family Income	250 - 500	10	0	18	28
		46.5%	**55.9%**	**34.4%**	**40.3%**			2.9%	0.0%	2.1%	2.0%
	501 -750	165	58	493	716		501 - 750	249	111	459	819
		47.7%	**30.9%**	**56.9%**	**51.1%**			**72.0%**	**59.0%**	**53.0%**	**58.5%**
	751 -1000	20	25	72	117		751 - 1000	71	53	326	450
		5.8%	13.3%	8.3%	8.4%			**20.5%**	**28.2%**	**37.6%**	**32.1%**
	1001 -1250	0	0	3	3		1001 - 1250	16	24	63	103
		0.0%	0.0%	0.3%	0.2%			4.6%	12.8%	7.3%	7.4%
Total		346	188	866	1,400	Total		346	188	866	1,400
		100.0%	100.0%	100.0%	100.0%			100.0%	100.0%	100.0%	100.0%

4.11 TESTE DE CLASSIFICAÇÃO ASSINADA DE WILCOXON (EMPARELHADO)

Trata-se de um teste não paramétrico/distribuição, que é utilizado para amostras maiores, a fim de obter inferências com base em propriedades livres de distribuição mais seguras (Gouri K. Bhattacharyya, Richard A. Johnson, 1977, Statistical Concepts and Methods, pp.505-525). Esta ferramenta foi proposta (desenvolvida) por F. Wilcoxon (1945). O teste de postos assinados de Wilcoxon pode ser aplicado com segurança a diferenças emparelhadas de amostras maiores. O teste de postos assinados de Wilcoxon é utilizado para comparar os progressos registados **antes e depois do** programa de Jalayagnam. A fonte dos dados nas variáveis "Ayacut" e "Rendimento" é de natureza ordinal.

O Quadro IV-B(e)-31 mostra que o progresso ou a **"melhoria de Ayacut (terra fértil com instalações de irrigação)" e "trabalhos geradores de rendimento (níveis de rendimento)"** são altamente significativos no presente estudo, antes do funcionamento do projeto Jalayagnam e depois do funcionamento, o que é um resultado muito desejável do projeto Jalayagnam. A significância indica que, ao proporcionar à comunidade agrária fontes de irrigação adequadas, as suas actividades da vida quotidiana (adl) e o seu nível de vida serão elevados, o que é o próprio objetivo do projeto "Jalayagnam".

TABELA - 31 Teste de Wilcoxon Signed Rank (emparelhado)

Em geral	N	Classificação média	Soma das classificações	**Valor Z**	valor de p

Antes do Ayacut Individual - Depois do Ayacut Individual	Classificações negativas	40	664.50	26,580.00	**34.315****	0.000
	Classificações positivas	1,307	674.29	881,298.00		
	Gravatas	53				
	Total	1,400				
Antes da família Ayacut - Depois da família Ayacut	Classificações negativas	32	614.08	19,650.50	**32.626****	0.000
	Classificações positivas	1,174	603.21	708,170.50		
	Gravatas	194				
	Total	1,400				
Antes do rendimento individual - Depois do rendimento individual	Classificações negativas	53	688.09	36,469.00	**32.26****	0.000
	Classificações positivas	1,223	636.35	778,257.00		
	Gravatas	124				
	Total	1,400				
Antes do rendimento individual - Depois do rendimento familiar	Classificações negativas	38	548.00	20,824.00	**30.906***	0.000
	Classificações positivas	1,081	560.42	605,816.00		
	Gravatas	281				
	Total	1,400				
Godavari Oriental		N	Média Classificação	Soma das classificações	**Valor Z**	valor de p
Antes do Ayacut Individual - Depois do Ayacut Individual	Classificações negativas	18	162.00	2,916.00	**16.020****	0.000
	Classificações positivas	309	164.12	50,712.00		
	Gravatas	19				
	Total	346				
Antes da família Ayacut - Depois da família Ayacut	Classificações negativas	10	148.50	1,485.00	**16.050****	0.000

	Classificações positivas	287	149.02	42,768.00		
	Gravatas	49				
	Total	346				
Antes do rendimento individual - Depois do rendimento individual	Classificações negativas	21	170.71	3,585.00	**14.5770****	0.000
	Classificações positivas	283	151.15	42,775.00		
	Gravatas	42				
	Total	346				
Antes do rendimento individual - Depois do rendimento familiar	Classificações negativas	9	121.50	1,093.50	**14.452****	0.000
	Classificações positivas	238	124.09	29,534.50		
	Gravatas	99				
	Total	346				

Kadapa		N	Média Classificação	Soma das classificações	**Valor Z**	valor de p
Antes do Ayacut Individua l - Depois do Ayacut Individua l	Classificações negativas	0	0.00	0.00	**13.711****	0.000
	Classificações positivas	188	94.50	17,766.00		
	Gravatas	0				
	Total	188				
Antes da família Ayacut - Depois Família Ayacut	Classificações negativas	3	94.00	282.00	**13.24****	0.000
	Classificações positivas	185	94.51	17,484.00		
	Gravatas	0				
	Total	188				
Antes do rendimento individual - Depois do rendimento individual	Classificações negativas	2	141.00	282.00	**13.241****	0.000
	Classificações positivas	186	94.00	17,484.00		
	Gravatas	0				
	Total	188				

Antes do rendimento individual - Depois do rendimento familiar	Classificações negativas	1	92.00	92.00	**13.379****	0.000
	Classificações positivas	182	92.00	16,744.00		
	Gravatas	5				
	Total	188				
Nizamabad		N	Classificação média	Soma das classificações	**Valor Z**	valor de p
Antes do Ayacut Individua l - Depois do Ayacut Individua l	Classificações negativas	22	409.00	8,998.00	**27.108****	0.000
	Classificações positivas	810	416.70	337,530.00		
	Gravatas	34				
	Total	866				
Antes da família Ayacut - Depois da família Ayacut	Classificações negativas	19	372.82	7,083.50	**25.13****	0.000
	Classificações positivas	702	360.68	253,197.50		
	Gravatas	145				
	Total	866				
Antes do rendimento individual - Depois do rendimento individual	Classificações negativas	30	399.03	11,971.00	**25.613****	0.000
	Classificações positivas	754	392.24	295,749.00		
	Gravatas	82				
	Total	866				
Antes do rendimento individual - Depois do rendimento familiar	Classificações negativas	28	335.50	9,394.00	**23.85****	0.000
	Classificações positivas	661	345.40	228,311.00		
	Gravatas	177				
	Total	**866**				

* significativo ao nível de 5% , ** significativo ao nível de 1%

Efectuámos o teste de classificação Wilcoxon Signed para comparar os progressos antes e depois deste programa, uma vez que os nossos dados relativos às variáveis acima referidas são de natureza ordinal.

CONCLUSÃO:

O total de observações, relatórios extraídos da amostra no âmbito do presente estudo sobre Jalayagnam entre a comunidade agrícola (os beneficiários), fornece inferências favoráveis.

As estatísticas da amostra em estudo - percentagens, $\chi 2$ - quadrados e testes não paramétricos como o teste de Wilcoxon Signed Rank (Paired) - estão a fornecer a própria intenção do projeto Jalayagnam. A comunidade agrária, o cultivo e as ocupações relacionadas seriam melhorados nas suas profissões e nas actividades da sua vida quotidiana através da facilitação de fontes de irrigação adequadas e atempadas.

CAPÍTULO - V

UMA PANORÂMICA DO ESTUDO

O presente estudo é uma tentativa inaugural de revelar o impacto de um projeto de irrigação Jalayagnam iniciado pela Governação, Governo de Andhra Pradesh, Índia, durante 2004 a 2012. O próprio objetivo do presente estudo é

Objectivos do estudo: Os objectivos do presente estudo são:

i . Análise socioeconómica e demográfica - Avaliação social dos beneficiários (inquiridos) de "Jalayagnam" em estudo.

ii. Analisar o **impacto** do projeto de irrigação "Jalayagnam" entre os beneficiários em relação à sua avaliação social.

Hipótese: Jalayagnam - um mega programa de segurança da água - é um instrumento prudencial para o desenvolvimento comunitário baseado na agricultura pela governação.

No primeiro capítulo, a importância da irrigação na Índia, o desenvolvimento da irrigação em Andhra Pradesh, a prioridade do desenvolvimento da irrigação, o desenvolvimento comunitário, a prática do trabalho social numa comunidade, o impacto da irrigação na cultura indiana, a irrigação - passado e presente, sobre os contribuintes para o desenvolvimento da irrigação na Índia, o conceito de Jalayagnam em Andhra Pradesh, Vantagens e sugestões de Jalayagnam, sobre os projectos em estudo - Chagalnadu Lift Irrigation Scheme no distrito de East Godavari, Veligallu Reservior no distrito de Kadapa e Alisagar Lift Irrigation Scheme no distrito de Nizamabad de Andhra Pradesh na Índia, o significado do presente estudo e o quadro concetual do trabalho de investigação em estudo são discutidos em pormenor.

No segundo capítulo, é apresentada a revisão da literatura relacionada com o presente estudo Jalayagnam - Water worship.

No terceiro capítulo, é abordada a organização do presente estudo, ou seja, a metodologia.

O quarto capítulo apresenta as caraterísticas socioeconómicas e demográficas dos beneficiários (avaliação social) e o impacto do projeto Jalayagnam na comunidade agrária é discutido em pormenor.

A unidade de amostragem, os inquiridos ou os beneficiários do estudo são as pessoas que beneficiaram ou usufruíram dos projectos em termos de **emprego (trabalho/salário), aumento do ayacut (aumento da extensão de terras férteis com instalações de irrigação (fonte de água)** do regime Jalayagnam dos diferentes projectos, respetivamente, em estudo.

O quadro IV A-1 revela que cerca de 31% dos beneficiários pertencem à comunidade mais atrasada, seguidos de 29% da comunidade mais avançada, 21% da casta registada e 19% das tribos registadas. Não há muita variação na distribuição dos beneficiários em termos de tamanho (proporção) com base na sua comunidade em estudo.

A maioria dos inquiridos/beneficiários situa-se no grupo etário dos 41 aos 50 anos (40%), seguido de 32% no grupo etário dos 20-40 anos e cerca de 28% acima dos 50 anos neste estudo.

O quadro IV-A-3 mostra que cerca de 35% dos beneficiários são analfabetos, seguidos de cerca de 37% com habilitações académicas ao nível do ensino secundário na área de estudo. No que se refere às disparidades regionais em termos de habilitações literárias, observa-se uma tendência quase semelhante nos analfabetos de East Godavari (42%) e nos que possuem habilitações literárias de nível secundário (38%).

Na região de Kadapa, embora o analfabetismo seja elevado (45,2%) em comparação com outros distritos, os beneficiários com habilitações académicas de nível intermédio e superior são elevados (26,6%), uma proporção mais elevada em comparação com outros distritos (quadro IV-A-3).

É muito interessante observar que o analfabetismo é baixo (30,6%) no distrito de Nizamabad (região de Telangana) em comparação com outros distritos e que o nível de instrução está a aumentar.

O analfabetismo é mais frequente entre os beneficiários da região de Kadapa (45,2%), seguindo-se as regiões de East Godavari (41,6%) e Nizamabad (30,6%).

A maior proporção dos beneficiários em estudo são Trabalhadores agrícolas (42,1%), seguidos de Outros trabalhadores (32,9%) e Agricultores (25,0%) (Quadro IV.A.4).

Observa-se uma tendência semelhante da estrutura profissional, independentemente da residência/região, nos três distritos em estudo.

Cerca de 42% dos beneficiários/amostra em estudo encontram-se na categoria de rendimento familiar mensal entre 15000 e 30 000 rupias, seguidos de 32% com rendimento mensal igual ou superior a 30 000 rupias e cerca de 25% com rendimento mensal inferior a 15 000 rupias. (Quadro IV-A-5).

O salário mínimo é de Rs.250-00 para os trabalhadores do sexo masculino e de Rs.200-00 para as trabalhadoras do sexo feminino foi atribuído aos trabalhadores envolvidos nas obras do projeto (Quadro-IV-A.6). E o mesmo salário mínimo é de Rs.200-00 para os trabalhadores do sexo feminino (Quadro-IV-A.7) em todos os três distritos no âmbito dos três projectos em estudo. A pequena variação observada deve-se à variação na *natureza do trabalho* efectuado pelos trabalhadores em relação aos projectos.

No que respeita ao número total de dias de trabalho prestados - ***os mandatos de trabalho*** são, no mínimo, de seis (6) dias, independentemente do sexo (Quadro IV-A.8). Alguns trabalhadores gostariam de trabalhar mesmo nos feriados.

Impacto é "algo novo" gerado, nomeadamente, ideias, mudanças de comportamento, actividades da vida quotidiana, melhoria do nível de vida, etc., com a força de algo. Neste caso, esse algo, a força é a facilitação da irrigação pelos projectos no âmbito do regime Jalayagnam. Devido às facilidades de água, à irrigação fornecida, a comunidade agrária recém-criada poderá ser capaz de elevar as suas posições, o seu estatuto, utilizando os seus pontos fortes, os seus esforços para melhorar o seu nível de vida, as condições do seu modo de vida.

Esta mudança pode ser em termos de pensamento positivo sobre si próprios, sobre as suas condições de

trabalho, sobre a sua vida; esperança de aumentar os rendimentos, as receitas, as poupanças, uma melhor habitação, nutrição, educação e, finalmente, contentamento - estar satisfeito com o que se tem, na medida em que isso traz satisfação.

"Opinião" é uma crença, ou crenças colectivas; um juízo sobre o que a maioria das pessoas pensa, uma estimativa, no seu verdadeiro sentido ou significado.

Cerca de 97% dos beneficiários, a percentagem mais elevada, consideraram este regime Jalayagnam "excelente" para a melhoria da comunidade agrária e para a atividade agrícola, independentemente da idade, do nível de instrução, da atividade profissional e das diferenças de rendimento mensal da comunidade; o mesmo se verifica entre os beneficiários de East Godavari (97,7%) (Coastal Andhra).7 por cento) (Coastal Andhra), Kadapa - (99,5 por cento) (Rayalaseema) e Nizamabad - (95,6 por cento) (Telangana) (Quadro IV-B-1), os resultados são significativos, estatisticamente comprovados (χ^2 -11,147, ao nível de 5%).

Independentemente da sua casta/comunidade, a amostra total de beneficiários em estudo tem a mesma opinião sobre o regime de Jalayagnam, que é um regime de irrigação "excelente" (quadro IV-B.3) para a melhoria da comunidade agrária do Estado.

Aspectos da satisfação (psicológica):

Opinião expressa e analisada de acordo com os atributos básicos dos inquiridos/beneficiários; dos seis atributos analisados, a região, a idade e a educação mostraram um impacto significativo. Com efeito, é natural que a idade, com as suas várias experiências e exposições, e a educação façam com que um indivíduo compreenda, analise e se abra prontamente às suas actividades da vida quotidiana.

(b) Atitude

A "atitude" é bastante individualista, uma forma de sentir, pensar, comportar-se pessoalmente em relação a algo com que nos deparamos na nossa vida, no decurso das nossas actividades diárias.

Com exceção de um por cento, todos os beneficiários em estudo expressaram a sua atitude como "muito boa e boa" em relação ao sistema de irrigação de Jalayagnam nos três distritos, no âmbito dos três projectos escolhidos para o presente estudo, e o resultado é estatisticamente significativo (χ^2 -105.506, ao nível 1.1).

O impacto semelhante é obtido entre todos os beneficiários em estudo, independentemente dos seus diferenciais de idade, comunidade, educação, ocupação e rendimento (Tabela IV-B(b)-8,9,10,11,12), que se revelaram significativos ao nível de 1% (χ^2 -18,88, ao nível de 1,1) (Tabela IV-B(b)-8). **Satisfação (Estado Psicológico):**

Como dá vida, conduzindo a uma vida melhor na sociedade, Jalayagnam é considerado um programa de irrigação muito bom pelo governo, expresso pelo total de beneficiários em estudo, e a atitude é estatisticamente significativa ao nível de 1% pelo teste *rf-quadrado.*

(c) Ayacut:

[i]**Ayacuf** é uma terra fértil com fonte de água. Por vezes, o ayacut pode ser alimentado apenas pela chuva -

depende apenas da água da chuva. Neste caso, a questão do investigador é saber se, devido ao aumento das instalações de irrigação no âmbito do regime de Jalayagnam, a extensão do ayacut aumenta ou não, porque o próprio objetivo ou finalidade do regime de Jalayagnam é aumentar a extensão das terras férteis (ayacut) através do fornecimento de água.

Independentemente das diferenças de rendimento comunal, educativo, profissional e mensal dos beneficiários, 99% dos beneficiários declararam que o Ayacut aumentou efetivamente no âmbito do regime Jalayagnam. Do mesmo modo, 99% dos beneficiários declararam que o emprego em termos de mandatos de trabalho com salário é fornecido ao abrigo do regime Jalayagnam.

A partir dos Quadros IV-B(d)-20, 21, 22, 23, 24, 25 e IV-B(d)-26, observa-se que a maioria dos inquiridos (beneficiários) referiu que foi beneficiada pela criação de emprego (mandatos de trabalho remunerado - geração de rendimentos).

Uma análise comparativa do "*ayacut*" e da *geração de rendimentos* dos inquiridos (beneficiários) "antes e depois" do funcionamento do regime Jalayagnam no âmbito dos projectos selecionados para o presente estudo.

Observa-se uma melhoria notável na expansão do ayacut, que passou de sem água - antes do início do esquema Jalayanam - para depois de fornecer instalações de irrigação à comunidade agrícola a nível individual nas três regiões dos projectos Jalayagnam: Coastal Andhra (East Godavari), Rayalaseema (Kadapa) e Telangana (Nizamabad) (Quadro IV-B(e).27). A expansão do ayacut sem água, ou seja, <1 a 3 acres, aumentou para 3 a 6 acres com água, conforme expresso pela maior proporção de beneficiários e também pelos funcionários envolvidos nos projectos de irrigação nas respectivas regiões.

Observa-se uma melhoria notável nos níveis de rendimento dos inquiridos (beneficiários) desde antes do início do projeto Jalayagnam até depois do seu funcionamento nas três regiões de Andhra Pradesh (Quadros IV-B(e)-29 e 30), tanto a nível individual como familiar.

Tal deve-se ao facto de a comunidade agrícola receber trabalho remunerado a nível individual e familiar. É esta a intenção/objetivo do regime de irrigação de Jalayanam, concebido pelo Governo do Estado de então.

O teste de classificação assinada de Wilcoxon é utilizado para comparar os progressos registados **antes e depois do** programa de Jalayagnam. A fonte dos dados relativos às variáveis "Ayacut" e "Rendimento" é de natureza ordinal.

O quadro IV-B(e)-31 mostra que o progresso ou a **"melhoria de Ayacut (terra fértil com instalações de irrigação)" e "trabalhos geradores de rendimento (níveis de rendimento)"** são altamente significativos no presente estudo, antes do funcionamento do projeto Jalayagnam e depois do funcionamento, o que é um resultado muito desejável do projeto Jalayagnam. A significância indica que, ao proporcionar à comunidade agrária fontes de irrigação adequadas, as suas actividades da vida quotidiana (adl) e os seus padrões de vida serão elevados, o que é o próprio objetivo do projeto "Jalayagnam".

Em conclusão, ***o total de observações, relatórios extraídos da amostra no âmbito do presente estudo sobre o Jalayagnam entre a comunidade agrícola (os beneficiários) fornecem inferências favoráveis. As estatísticas da amostra em estudo - percentagens,*** *rf-sqaures* ***e testes não paramétricos, como o teste Wilcoxon Signed Rank (Paired) Test - revelam a própria intenção do projeto Jalayagnam. A comunidade agrária, o cultivo e as ocupações relacionadas seriam melhorados nas suas profissões e nas actividades da sua vida quotidiana através da facilitação de fontes de irrigação adequadas e atempadas.***

REFERÊNCIAS

Capítulo - I

1. Adhikari, R.N., Singh, A.K., Math, S.K.N., Mishra, P.K., e Reddy, K.K. (2008), "Response of Water Harvesting Structures on Groundwater Recharge Process in Red soil of Semi Arid Region of Andhra Pradesh," Journal of Indian Water Resources Society ,Vol.28, No:2, Pp.1-5.

2. Ahaneku, I.E. (2010), "Conservation of Soil and Water Resources of Combating Food Crisis in Nigeria", Scientific Research and Essays, Vol. 5(6), Pp. 507-513.

3. Ahmad Asgari, Farid Ejlali, Fakhroddin Ghassemi-Sahebi e Iman Pourkhiz, "Assessment of Emitter Clogging by Chemical Component on Water Application Uniformity in Drip Irrigation", International Research Journal of Applied and Basic Sciences, Vol., 3 (9), 2012, pp.1813-1817.

4. Aniket H. Hade, e Dr. M.K. Sengupta, "Controlo automático do sistema de irrigação por gotejamento e monitorização do solo sem fios",. IOSR Journal of Agriculture and Veterinary Science, Vol. 7, Issue 4, abril de 2014, pp. 57-61.

5. Balaji Kannan, R. (2001), "Modelling Groundwater Usage - Recharge Balance for Farm Level Expert System Development," Mittal Publications, New Delhi.

6. Bao-Zhong Yuan, Yaohu Kang, and Soichi Nishiyama, "Drip irrigation scheduling for tomatoes in unheated greenhouses", Irrigation Science, Volume 20, Issue 3, July 2001, pp 149-154.

7. Chaturvedi, M.C. (1987), "Water Resources Systems Planning and Management" Tata McGraw-Hill Publishing Company Limited, New Delhi.

8. Chennakesavulu e Hemkumar, "A Case Study On Performance Of Drip Irrigation System In Selected Mandlas of Guntur District, Andhra Pradesh", International Journal of Food, Agriculture and Veterinary Sciences, Vol. 4 No.1, January-April, 2014 pp.133-135.

9. Chiranjeevulu, P. (2006), "Inter-Linking of Rivers in India - Technical, Economic and Social Aspects: An Analysis", Southern Economist, 15 de agosto, p. 24-26.

10. Dhawan, B. D. (2002), *Technological Change in Indian Irrigated Agriculture: A Study of Water Saving Methods,* Commonwealth Publishers, New Delhi.

11. Dirgha Tiwari, Dinar. A, (2002) "Balancing Future Food Demand and Water Supply the Role of

Economic Incentives in Irrigated Agriculture", Quarterly Journal of International Agriculture, Vol: 41, No:1 and 2 , Pp. 77-97.

12. Elham Amin, "An Investigation into Factors Affecting the Adopting of Drip Irrigation System in the Plum Gardens between 2002 and 2012 (Case Study)" Indian Journal of Fundamental and Applied Life Sciences, 2014 Vol. 4 (2) abril-junho, pp. 660-666.

13. Gaurang Prajapati, Prof. R. B. Khasiya e Dr. P. G. Agnihotri, "A Comparative Studies Between Drip Irrigation and Furrow Irrigation for Sugarcane and Banana in a Region Navsari", Global Research Analysis, Vol.2, No.4, October 2013, pp.141-144.

14. Ghani, M.A. Bhuiyan, S.I. e Hill.R.W. (1991), "A Model to Evaluate Intensive with Extensive Irrigation Practices for Irrigated Rice Production System in Bangladesh", Agricultural Water Management, Vol: 20, Pp. 233244.

15. Guilmato, C.Z (2002) "Irrigation and the Great Indian Rural Database: Vignettes from South India", Economic and Political weekly, Vol:37, No:13, Pp: 1223-1228.

16. Himanshu S.K., Kumar S., Kumar D. e Mokhtar A., "Effects of Lateral Spacing and Irrigation Scheduling on Drip Irrigated Cabbage (Brassica Oleracea) in a Semi Arid Region of India" Research Journal of Engineering Sciences Vol. 1(5), 1-6, November (2012).

17. INCID, (1994), *Drip Irrigation in India,* Indian National Committeeon Irrigation and Drainage, Nova Deli.

18. Jitarwal R. C. and N. K. Sharam, Impact of Drip Irrigation Technology among Farmers in Jaipur Region of Rajasthan" Indian Research Journal of Extension Education, Vol.2 , No.3, May- September 2007, pp.88-89.

19. Kalyan Ganguly e Baldero Singh (2000) "Participatory irrigation management in India", Agricultural Extension Review, Voi: 12, Pp. 8-13.

20. Kamran Bukhsh Soomro, JavaidAkhtar Rind, Abdul AhadKolachi, Fateh Khan Nizamani e Abdul Fatah Soomro, "Avaliar o desempenho da irrigação por gotejamento e descarga de emissores na área costeira de GadapSindh", Global Advanced Research Joujnal of Engineering, Technology and Innovation, Vol. 2 (9), outubro, 2013, pp. 259-275.

21. Kang, Y., Bao-Zhong Yuan, e Soichi Nishiyama, "Design of micro

Irrigation Science, Volume 18, Número 3, janeiro de 1999, pp 125-133.

22. Khepar S, D., A. K. Yadav, S. K. Sondhi, M. Siag, "Water balance model f o r paddy fields under intermittent irrigation practices", Irrigation Science, Volume 19, Issue 4, setembro de 2000, pp 199-208.

23. Mahendra S. e M.Lakshmana Bharathy, "Microcontroller Based Automation of Drip Irrigation System", *International Journal of Science & Technology,* Vol. 2, No.2, janeiro de 2013, pp.12-18.

24. Mamta Mehra, Devesh Sharma e Prachi Kathuria, "Groundwater use dynamics: Analyzing performance

of Micro-irrigation system - A case study of Mewat district, Haryana, India", International Journal of Environmental Sciences Vol. 3, No. 1, 2012, pp,471-480.

25. Mathew, A.C. (2004), "Irrigation Using Surface Water In Conjunction With GroundWater", Kisan World, Vol.31, No.9, pp.48-49.

26. Michael A. Battam, Bruce G. Sutton, and David G. Boughton, "Soil pits as a simple design aid for subsurface drip irrigation systems", Irrigation Science, Vol. 22, Issue 3-4, November 2003, pp. 135-141.

27. Montero Martinez J., R. S. Martinez, and J. M. Tarjuelo Martin-Benito, "Analysis of water application cost with permanent set sprinkler irrigation systems" *Irrigation Science,* Volume 23, Issue 3, December 2004, pp 103110.

28. NABARD (1989), *An Ex-Post Evaluation of Sprinkler Irrigation Schemes in Barmer District of Rajasthan,* Evaluation Study Series Jaipur No. 7, National Bank for Agriculture and Rural Development, Regional Office, Jaipur, abril.

29. Nagaraj, N. e Chandrakanth, M.G. (1995), "Low Yielding Irrigation Wells in Peninsular India: An Economic Analysis", Indian Journal of Agricultural Economics, Vol.50, No.1, Pp.47-58.

30. Namara R. E., Nagar R. K. e B. Upadhyay "Economics, adoption determinants, and impacts of micro-irrigation technologies: empirical results from India", *Irrigation Science,* Vol.25, Springer-g January,2007 pp.283-297.

31. Narayanamoorthy A., "Can Drip Method of Irrigation be Used to Achieve the Macro Objectives of Conservation Agriculture" Indian Journal of Agriculture Economy, Vol. 65, No. 3, July-Sept. 2010, pp.458-436.

32. Nazmeen Tamboli, Pragati Tate e Abhilasha Lokhande, "Remote Drip Irrigation Control Using Internet", International Journal of Advanced Research in Computer Science and Software Engineering, Vol. 3. No 12, December 2013, pp.908-909.

33. Palanisami K, Kadiri Mohan, K R Kakumanu, S Raman, Spread and Economics of Micro-irrigation in India: Evidence from Nine States, Economic and Political Weekly June 25, 2011 Vol. XLVI, Nos 26 &27, pp.81-86.

34. Palanisami, K. Ramasamy, C. e Cheiko Umetsu (2008), "Groundwater Management Policies", Macmillan India Limited, New Delhi.

35. Paramasivan, G. e Karthravan, D. (2010) "Effects of Giobalizationon Water Resources in India", Kurukshetra, Vol: 58, No: 7, p.16.

36. Patel Neelam, Rajput, T. B. S. e Mukesh Kumar "Programação da fertirrigação no tomate com base na hidráulica e nos nutrientes sob fonte pontual de aplicação de água", Asian Journal of Science and Technology Vol. 6, No. 02, pp. fevereiro, 2015, 1141-1145.

37. Paul Polak, Bob Nanes, e Deepak Adhikari, "A Low Cost Drip Irrigation System for Small Farmers In

Developing Countries", Journal of the American Water Resources Association, Vol. 33, No. 1, fevereiro de 1997, pp.119-124.

38. Pritee Awasthy, Bhumika Patel, Pooja Sahu, Mridubhashini Patanwar & *Parmeshwar Ku. Sahu, "Potentials Of Micro Irrigation In India; An Overview", International Journal of Agricultural and Food Science, Vol.4, No.4, 2014pp. 116118.

39. Raja Murali,S. (2008), "Micro Irrigation Systems in Andhra Pradesh:A study", Southern Economist, Vol : 47, No :16, .32.

40. Rajput T.B.S. and Neelam Patel, Micro Irrigation In India - Present Status And Future Scope" India Water Week 2012-Water, Energy and Food Security : Call for Solutions, 10-14 April 2012, New Delhi.

41. Rangeley, W.R. (edt), (1989), "Influence of Design on Irrigation Management". J. R. Rydzewski e C. F. Ward, Irrigation Theory and Practice, Pentech Press, Londres.

42. Rao, K.L. (1975), "India's Water Wealth, Nova Deli: Orient Longman", Nova Deli,

43. Sachin S Patil, P T Nimbalkar, Abhijit Joshi 455 "Hydraulic Study, Design & Analysis of Different Geometries of Drip Irrigation Emitter Labyrinth", International Journal of Engineering and Advanced Technology, Vol.2, No.5, June 2013, pp.455-462.

44. Saleth, R. Maria (1996), "Water Institutions in India: Economics, Law & Policy", Commonwealth Publishers, New elhi.

45. Shamiyalla, N. Ramu e Jayashree, P. (2010), "Irrigation system in the context of PIM in India", Southern Economist, Vol.49, No.1, Pp.37-47.

46. Shashidhara K. K., Bheemappa, A. Hirevenkanagoudar L. V. & K.C. Shashidhar, "Benefits and Constraints in Adoption of Drip Irrigation among the Plantation Crop Growers", Karnataka Journal of Agricultural Science, Vol.20, No.1, 2007 pp.82-84.

47. Singh Rajbir, Satyendra Kumar, D. D. Nangare e M. S. Meena, "Drip irrigation and black polyethylene mulch influence on growth, yield and wateruse efficiency of tomato", African Journal of Agricultural Research Vol.4 (12) December, 2009, pp. 1427-1430.

48. Siva Ram, P. (2007), "Government Initiatives in Rural Water Supply: Programmes, Reforms and Bharat Nirman", Kurukshetra, Pp.25.

49. Sukhjit Singh Er. e Neha Sharma Er. "Research Paper on Drip Irrigation Management using wireless sensors", International Journal of Scientific & Engineering Research Vol.3, No.9, September, 2012.

50. Suresh Kumar D. e K. Palanisamib, "Impact of Drip Irrigation on Farming System: Evidence from Southern India", Agricultural Economics Research Review Vol. 23 julho-dezembro de 2010, pp.265-272.

51. Tapan Adhikari, Hati, K.M e Debashis Chakraborty, (2006), "WatershedProspects and Promises", Instituto Indiano de Ciência do Solo, Nabibagh, Berasia Road, Bhopal.

52. Tarique, M.D. (2007), "Water crisis in India", Environmental Economic & Development", Nova Deli.

53. Tata Energy Research Institute (TERl), edt., (1998), "Looking Back to Think Ahead: Green India 2047", Nova Deli, TERl.

54. Thompson R.B., M. Gallardo, T. Aguera , L.C. Valdez and M.D. Fernandez, "Evaluation of the Watermark sensor for use with drip irrigated vegetable crops", Irrigation Science, Volume 24, Issue 3, March 2006, pp 185-202.

55. Xianyue Li, Haibin Shi, Jiri Simunek, Xuewen Gong, e Zunyuan Peng, "Modelagem da dinâmica da água no solo em um campo de cultivo irrigado por gotejamento sob cobertura plástica", Irrigation Science, julho de 2015, Vol.33, No.4, pp. 289-302.

56. Anil Punetha e K Yella Reddy, "APMIP - The First And Largest Comprehensive Micro Irrigation Project In India", documento apresentado no 7th International Micro Irrigation Congress.

57. APJ Abdul Kalam, Dr. Artigo sobre a missão integrada da água, Yojana, janeiro de 2005.

58. Bhavanilal H. Jain. Livro "Green Revolution", Presidente do Sistema de Irrigação Jain, 1 limitado .hiigaol.

59. Biswas, A.K. 1998. Water Resources-Environmental Planning, Management and development. *Pub: Tata McGraw-Hill Publishing Company Limited,* Nova Deli.

60. Community Development challenges Report" Produzido pela Community Development Foundation for Communities and Local Government.

61. Dalibot, B., 1973. O Sol ao serviço da humanidade. Actas do congresso internacional Photovoltaic Power and its Application in Space and on Earth, realizado em Paris; 565.

62. Datt e Sundram KPM, Indian Economy 5e Edition, 2006.

63. Desai Vasent, 19990: "A Study of Rural Economics", Himalaya Publishing House, Bombaim.

64. *Environment and Development Economics,* Cambridge: 'Costs of Resource Depletion Externalities: A Study of Groundwater Over exploitation in Andhra Pradesh, India", Vol.10, Parte IV. agosto, (2005).

65. GoAP (2000); 'Water Conservation Mission: Information and Guidelines", Governo de Andhra Pradesh. Hyderabad.

66. GoAP 'Jalayagnam'. Apresentação pelo Secretário Principal do Governo da AP, Departamento de Irrigação e CAD. 7 de fevereiro de 2006.

67. Gol (1976): "Agriculture Commission Report". Departamento de Agricultura, Governo da Índia, Nova Deli.

68. Haripal Kataria, D. P., R. K. Jhovar e M. S. Sidhupuria, 1999. Avaliação do desempenho do sistema de irrigação por micro-jato a baixas pressões. Actas de, All India seminar on micro-irrigation prospects and potential in India, Hyderabad :54 - 58. "Definition of CD". Intercâmbio de Desenvolvimento Comunitário

http://www.cdx.org.uk/community-developmentwhat-community- desenvolvimento. Recuperado em 2010-06-08

Narayanamurthy, A (2003): "Economics of Drip Irrigation: A Study of Maharashtra", documento apresentado no Seminário Nacional sobre a Água, Centro de Estudos Económicos e Sociais, Hyderabad. 29-30 de julho.

NeeTi, Samakhya (2003): *Let the Waters Flow: A Backgrounder/or Citizens on Water Issues in Andhra Pradesh,* Manchi Pusthakam, WASSAN. Secunderabad.

Pope, M. D., 1978. Projeto de testes de campo e aplicações de energia solar fotovoltaica. Actas das reuniões de revisão semestrais. Golden, Colarado : 165

Relatórios de encontros de imprensa, Eenadu, jornal diário, fevereiro de 2008.

Radhakanthi Bharathi um artigo sobre a interligação dos rios. Yojana janeiro de 2007.

Rao, T Hanumantha (2003): "Multipurpose Utilisation of Godavary River and the Relevance of Interlinking of Rivers", documento apresentado no Seminário Nacional sobre a Água. Centro de Estudos Económicos e Sociais, Hyderabad, 30-31 de julho.

Recordo Petralla, "Poverty, Water and Globalisation" 'Yojana janeiro de 2007.

Reddy Jayachandra K., "Andhra Pradesh Micro Irrigation Project (ARMIP)- A boon for the economic empowerment of agriculturists-success stories of Chittoor district", International Journal of Commerce and Business Management, Vol. 3 lss.2, October, 2010, pp. 177-182.

Reddy, V Ratna, P Prudhvikar Reddy e M Srinivasa Reddy (2005): 'Water Use Efficiency: A Study of System of Rice Intensification (SRI) Adoption in Andhra Pradesh", *Indian Journal of Agricultural Economics,* Vol. 60, No.3, julho-setembro, 2005.

Reddy. V Ratna e I' Prudhvikar Reddy (2005): "How Participatory Is Participatory Irrigation Management: A Study of Water User Associations in Andhra Pradesh", *Economic and Political Weekly,* Vol XL. No 53, 31 de dezembro.

Reddy. V Ratna, Y V Malla Reddy, John Soussan e Dirk Frans (2004): 'Water and Poverty; A Case of Watersh Development in Andhra Pradesh', *Water Nepal,* Vol.11, No.1, agosto de 2003-janeiro de 2004.

Sreenivasam, S., 1993: Rural Development Programme Mid 1980's. O Estado de A.P.

Orçamento, 2008.

The ICFAI Journal of Environmental Economics, "Economic and Ecological Impact of Tank Irrigation in Andhra Pradesh", Vol II. No.3, agosto, 2004.

Vakulabharanam, Vamsi (2004): 'Agricultural Growth and Irrigation in Telangana: A Review of Evidence', *Economic and Political Weekly,* Vol. XXXIX. No 13, 27 de março.

WALAMTARI (2004): *Saagu Neeti Sangham* (boletim mensal), Vol.5, Nos. 7-11. www.preservearticles.com/201106168058/irrigation.importance.html.

Yella Reddy, K. e S. D. Gorantiwar, 1997. Avaliação do desempenho do sistema de bombagem solar fotovoltaico. The Andhra Agricultural Journal, 44(1 &2) : 1 - 5.

www.preservearticles.com/201106168058/irrigation-importance.html.,2011

Jalayagnam em Andhra Pradesh, Índia

http://jalayagnam.org/indexI.php? wetion=develop,2014

http://www.hindu.com/2009/04/08/stories/2009040850061200.htm The Hindu.

Recuperado de "http:on.wikipedia.org/wiki/Jala_yagnam"

Gouri K. Bhattacharyya, Richard A. Johnson, 1977, Statistical concepts and Methods, pp.505-525.

REFERÊNCIA

Capítulo - II

Barret. Christopher B (1998) "Immiserized Growth in Liberalized Agriculture" *World Development.* Vol. 26, No. 5, pp, 743-753.

Boyce, James K (1987) **Agrarian Impasse in Bengal: Institutional Constraints to Technological Change,** O U P, Oxford.

DES (2005) A Report on **3rd Minor Irrigation Census, 2000-01: Andhra Pradesh,** Direção de Economia e Estatística, Governo de Andhra Pradesh, Hyderabad.

Devaraaju, P. Dr. & P. Mohan Kumar, 2014: Impacto da globalização na gestão da água e na irrigação - conceito de Jalayagnam em A.P. EPRA International Journal of Economic and Business Review, Vol.2, Issue-4, 2014.

GoAP (2005a) **Jalayagnam,** Department of Irrigation and Command Area Development (I&CAD), Governo de Andhra Pradesh.

GoAP (2005b) **Economic Survey 2004-05: Andhra Pradesh,** Departamento de Planeamento, Secretariado, Hyderabad.

GOAP (sem data) **Strategy Paper on Irrigation Development:** Andhra **Pradesh,** Governo de Andhra Pradesh, Fonte: http://www.aponline. gov.in/

GoAP, 2012, O Controlador e Auditor Geral (CAG) - GoAP, Relatório No.2 de 2012.

Gopal Reddy G (2004), *Economics of Irrigation: A case study of costs and returns wider different sources of irrigation in Andhra Pradesh,* Hyderabad.

Gurjan R.K (1987) **Irrigation for agriculture modernization,** Scientific Publishers. Jodhpur.

I & CAD (2005) **Budget Estimates** 2004-05: **Volume III/13, procura XXXIII Irrigação principal e média, e XXXIV Irrigação menor,** Departamento de Irrigação e Desenvolvimento de Áreas de Comando (I&CAD), Governo de Andhra Pradesh.

lyer, Ramaswamy R (2002) "Development or Destruction", **A Review,** *Economic and Political Weekly,* 26 de outubro.

Departamento de Irrigação e CAD 2012, GoAP, Hyderabad.

Narendranath, G; Uma Shankari e K, Rajendra Reddy (2005) "To Free or Not to Free Power: Understanding the Context of Free Power to Agriculture", *Economic and Political Weekly,* Vol.XL(53), 31 de dezembro - 6 de janeiro,

NeeTi Samakhya (2003) **Let (he Waters Flow... : A Backgrounder for Citizens on Water Issues Andhra Pradesh,** Manchi Pusthakam Secuderabad. Comissão de Planeamento (1952) **Irrigation.** Governo da Índia, Nova Deli.

Rao, Y V Krishna e Subramanyam, K (2002) **Development of Andhra Pradesh (1956-2001): A Study of Regional Disparities,** NRR Research Centre, Hyderabad.

Rao. G N (1988) "Canal Irrigation and Agrarian Change in Colonial Andhra: A Study of Godavari District c. 1850-1890", *IESHR,* Vol. *25* (1).

Ratna ReddyV., 2006. Jalayagnam, and Bridging Regional Disparities, Economic and Political Weekly, 4 de novembro de 2006 pp.4613-4620.

Reddy, V Ratna (2003) "Irrigation: Development and Reforms". *Economic and Political Weekly,* Vol. XXXVIII, No, 12&13, 22-29 de março.

Reddy, V. Ratna e P, Prudhvikar Reddy (2005) "How Participatory is Participatory Irrigation? Water Users' Associations in Andhra Pradesh" Economic and *Political Weekly,* Vol. XL, No. 53, 31 de dezembro - 6 de janeiro.

Revathi E (1998) "Farmer's Suicides : Missing Issues", *Economic and Political Weekly,* Vol.

Social Watch (sem data) A Status **Paper on Water for Andhra Pradesh**. Hyderabad.

Subrahmanyam, S (2002) "Regional Disparities in Andhra Pradesh Agriculture". Em Y V Krishna Rao e S Subrahmanyam (eds.) **Development of Andhra Pradesh: 1956-2001: A Study** of Regional Disparities, NRR Research Centre, Hyderabad.

Vamsi Vakulabharanam (2004) "Agricultural Growth and Irrigation in Telangana: A Review of Evidence". *Economic and Political Weekly,* Vol. 39(13), Marcli 27 - April 2 : pp.1421-1426.

Vamsi Vakulabharanam (2005) "Growth and Distress in a South Indian Peasant Economy During the Era of Economic Liberalisation" *The Journal of Development Studies.* Vol.41, No.6. agosto, pp.971-997.

Venkatanarayana, M e Jain Varinder (2004) "Telangana's Agricultural Growth Experience", *Economic and Political Weekly,* 29 de maio.

Venkatanarayana, M: P Rajanarender Reddy e S. Satyanarayana (2007) "Regional Disparities in Andhra Pradesh: With Reference to Source of Irrigation", *ICFAl Journal of Public Administration,* Vol. 3 (2).

Venkatanarayana, Motkuri e S. Satyanarayana Salbo, 2008. MPRA - Arquivo Pessoal REPEC de Munique...

Vidyasagarrao. R (2006) **Neellu-Nijalu** ***(An anthology of Telugu Essays):*** **Water and Fact (Eng. Trans)**. Fórum dos Intelectuais de Telangana e Fórum de Desenvolvimento de Telangana (EUA), Hyderabad.

Venkatanarayana, Motkuri e Satyanarayana Salla, 2008. MPRA - 'Jalayagnam' to Quench the Thrist of Farmers for Irrigation in Andhra Pradesh : Wither Regional Disparities, Centre for Economic and Social Studies, Hyderabad,MPRA, August 2008. http://mpra.ub.uni- mnenchen.de/48503/MPRA Paper No.48503, posted 22, July 2013 09:05 UTC. www.jalayagnam.com, Jalayagnam in Andhra Pradesh, India.

Parecer V/s. Idade dos beneficiários:

Tendência semelhante à observada anteriormente, é evidenciada pelo Quadro IV-B.2, análise da opinião em função da idade dos beneficiários, e é significativa, estatisticamente comprovada (χ^2 -11,350, ao nível de 5 %).

Printed by Books on Demand GmbH, Norderstedt / Germany